钻井液与健康风险管理

适用于油气工业钻井工作者

及健康管理专业人员的指南

杜德林　高圣平
邱少林　胡月亭　编

石油工业出版社

内容提要

本书介绍了钻井液的有关基础知识、各种类型的钻井液体系及目前在用的各种添加剂。概括了与这些化学物质相关联的健康风险，分析了在钻井作业中员工可能接触到危险品的时机，提供了风险管理办法和监控程序，旨在降低作业中的健康风险。本书适合于钻井作业者和钻井公司的有关员工、管理人员、HSE专职经理、钻井液技术人员、井场医务人员、职业健康与卫生从业人员使用。

本书采用中文和英文两种文字编排，读者在学习HSE知识的同时，还可丰富自己的专业词汇，提高英文水平。

图书在版编目（CIP）数据

钻井液与健康风险管理／杜德林等编．
北京：石油工业出版社，2010.11
ISBN 978-7-5021-8043-0

Ⅰ．钻…
Ⅱ．杜…
Ⅲ．①钻井液－基本知识
②油气钻井－劳动卫生－卫生管理
Ⅳ．①TE254 ②TE28

中国版本图书馆CIP数据核字（2010）第184548号

出版发行：石油工业出版社
（北京安定门外安华里2区1号　100011）
网　址：www.petropub.com.cn
编辑部：（010）64523538　发行部：（010）64523620
经　销：全国新华书店
印　刷：石油工业出版社印刷厂

2010年11月第1版　2010年11月第1次印刷
880×1230毫米　开本：1/16　印张：7.5
字数：220千字　印数：1—2000册

定价：45.00元
（如出现印装质量问题，我社发行部负责调换）

序

以人为本、关爱生命、关注健康，是当今社会普遍关注的一大课题，也是当代安全文化的精髓。注重职业健康管理，保护人的身心健康、尊重人的生命、与自然和谐相处，促进人与社会全面发展的文化，体现着强烈的人文关怀；也是全面落实科学发展观，以人为本、构建和谐的必然选择，更是企业寻求发展，构建和谐企业的必然要求。对于石油工业这个高风险行业来说，加强健康安全环境管理则是一个永恒的主题，表征着一个企业的安全文化水平和综合管理水平的高低。

今天，人们对安全生产的认识已经进入了“以人为本、超前预防”的本质安全论阶段。这种新的安全思想和方法论推进了传统产业和技术领域安全手段的进步，也促使企业安全管理工作由粗放型向集约型的转化，变“事故处理、事后防范”为“本质安全、超前预防”管理。这是从安全思想到安全方法一个质的飞跃，也是转变经济发展方式、走新型工业化道路的必然选择。“以人为本”的安全管理就是以尊重员工、爱护员工、维护员工的人身安全为出发点，以消灭生产过程中的潜在隐患为主要目的。油气钻井作业相关人员可能会接触钻井液中的有害成分，危害人身健康。因此，必须强化健康安全环境管理体系的风险管理，了解钻井液的成分及其健康危害，了解接触途径和影响因素，识别风险所在，从而采取切实有效的风险削减措施和控制手段，减轻对有害物质的职业性接触程度，防止对人身造成伤害。

《钻井液与健康风险管理》一书，是国际油气生产商协会（OGP）和国际石油工业环境保护协会（IPIECA）联合编写的一本健康安全手册。该手册吸收了诸多国际知名油公司在世界各地作业中积累的实践经验，以及美国政府工业卫生学家会议、（美国）国立职业安全与健康研究所等权威职业安全与健康研究机构的研究结论，对油气钻井作业健康安全管理工作有切实的指导意义。为便于非油田化学背景的技术人员使用，本书还对钻井液的功用、钻井液的历史沿革、水基与非水基钻井液的成分、所含有害化学物质等基础知识进行了概括性、系统性阐述，是本领域难得一见的指南性读物。除了钻井液技术人员之外，本书还特别适合于钻井工作者、HSE 管理人员、医务人员等使用。对于在这方面有深度兴趣的研究工作者来说，该书还可以作为进一步研究工作的参考资料。石油工业标准化研究所组织钻井液和国际标准化方面的专家将该书翻译出版，可以说是对钻井作业 HSE 管理的一项贡献。本书采用中文和英文两种文字编排，读者在学习 HSE 知识的同时，还可以丰富自己的专业词汇，提高自己的英文水平。这正是推荐大家阅读这本书的原因。

随着我国油气生产 HSE 管理体系建设的深入推进，以职业安全健康为前提的高速度、高效益发展理念逐步被广大石油人所接受，赢得了广大石油员工的拥护。做好做实危险点源的辨识和控制，注重危险、有害因素的识别，加强对有毒有害作业场所毒害物质的源头预防和过程控制，正是 HSE 管理体系的核心，也是职业健康管理活动中比较重要的一个组成部分。希望这本书能够对推进我国油气生产职业健康管理工作乃至 HSE 管理体系建设有所帮助。

中国石油天然气集团公司安全副总监

目录

引 言

钻井液在石油天然气工业上游领域的应用十分广泛，对于安全、高效地钻出一口油气井来说是至关重要的。在钻井作业中，大量钻井液在一个敞开或半密闭系统中循环，而且处于高温和搅拌状态之下，这就带来了接触化学剂的高度风险以及可能的健康危害。在选择将要使用的钻井液体系类型时，作业者的钻井设计人员需要对各种钻井液体系进行全面风险评估，除了环境和安全方面的问题外，还要慎重考虑员工健康问题，在各种可能彼此冲突的需求之间，找到合适的平衡点。这种风险评估的结果，要对各个相关的承包商公开，因为它们的员工会接触到钻井液体系。

本书介绍了钻井液的基础知识、各种类型的钻井液体系以及目前在用的各种添加剂。本书概括了与这些化学物质相关联的健康风险，分析了在钻井作业中员工可能接触到危险品的时机，提供了风险管理办法和监控程序，旨在降低作业中的健康风险。

本书是在经验和证据的基础上编写的，其目的是探讨、制定最佳作法，通过基于风险的管理程序来降低接触程度和健康危害。

本书可为下列人员使用：作业者和钻井公司的有关员工、管理人员、HSE 专职经理、钻井液技术人员、井场医务人员、职业健康与卫生从业人员。

一、钻井液的功用

在绝大多数钻井作业中，钻井液都是必不可少的。钻井液循环系统如图 1 所示。钻井液所发挥的功用如下：

- 作为井控的一道屏障；
- 从井眼中清除钻进中所产生的钻屑；
- 停止循环时保持钻屑处于悬浮状态；
- 将液压动力传递给钻头；
- 维持地层稳定；
- 维持对井壁所施加的压力；
- 控制流体漏失进入地层；
- 冷却、润滑钻头和钻柱；
- 便于数据测井——需要控制钻井液的性能，以便测井仪器能够提供有关井眼和地层的准确信息。

在大多数最原始的钻井液体系中只使用水，但也有使用其他材料来改进钻井作业的，如使用黏土作为降滤失剂，并作为控制流变性的增黏剂和分散剂。随着钻井作业的工况变得越来越复杂，尤其是当井段太长、井底温度太高、地层活性太强时，使用的添加剂种类和复杂程度都迅速增加。到 20 世纪 80 年代，配制乳化钻井液的基液从水过渡到碳氢化合物类，钻井液领域使用的化学剂达到了几千种。有关水基和非水基钻井液发展历史的更多资料，请参见附录 1。

目前常见的作法是，在钻同一口井的不同井段时，既使用水基钻井液（water-based drilling fluid，简称 WBF），又使用非水基钻井液（non-aqueous drilling fluid，简称 NAF）。通常在上部井段使用 WBF，而在下部技术要求较高的井段使用 NAF。

有关钻井液功用的更多资料，请参见附录 2。

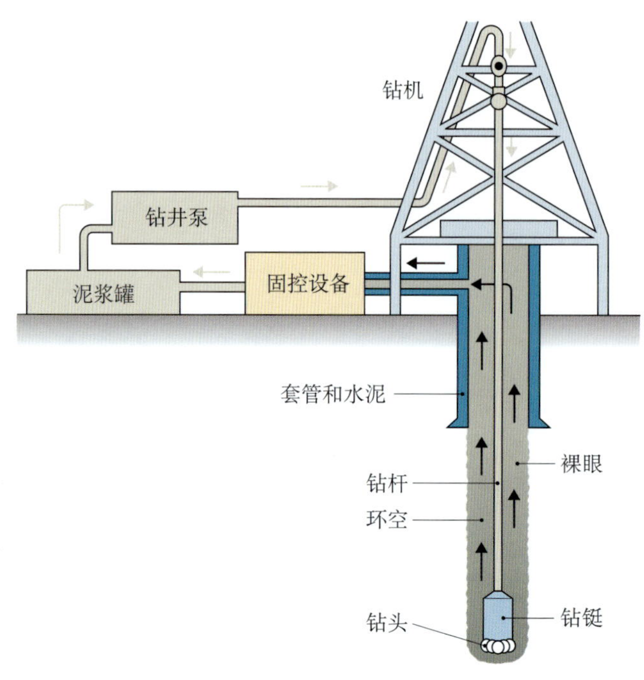

图 1　钻井液循环系统

二、钻井液的一般组成

钻井液具有一个连续的液相，并使用液态和固态化学添加剂进行调整，使其性能符合钻井工况的需要。但所有钻井液类型都必须拥有共同的特性，介绍如下。

（1）密度：

钻井液的密度随着所钻遇地层的压力而变化。对于井眼稳定来说，用钻井液来正确地平衡地层压力是十分重要的，既要防止地层流体进入井眼，又要防止高压地层造成井喷。

（2）黏度：

钻井液必须能够在各种工况下悬浮钻屑、加重材料（如重晶石粉）和其他化学添加剂。钻井液的黏度还不得妨碍固控设备的钻井液净化效果。

（3）滤失量控制：

可能需要使用某些添加剂来协助在井壁上形成韧而非渗透性的泥饼，以便限制泥浆滤液在所钻渗透性地层中的滤失。这样就可以改进井眼的稳定性，避免钻井作业中及以后的采油作业中的许多问题。

（4）页岩抑制：

在使用水基钻井液（WBF）时，需要加入页岩抑制剂来防止地层黏土的膨胀和黏附现象，因为膨胀和黏附会造成严重的钻井问题。非水基钻井液（NAF）不让地层黏土暴露在水中，所以这类钻井液天生就具有抑制性。

选择 WBF 还是 NAF 取决于待钻地层及成功钻井所需克服的具体条件，如温度、压力和页岩水化活性。另外，当地的环保法规和废物处置问题也可能会决定使用什么样的钻井液体系，此外还应考虑经济因素。

在钻井作业中使用的钻井液体系有很多类型。随着井眼越来越深、井眼温度和／或压力越来越高，常常把基本的钻井液体系转化为较为复杂的钻井液体系。对于一口特定的井来说，有几个关键因素会影响钻井液类型的选择。

随着对钻井液性能要求的提升，可能需要加入多种专用的添加剂，以保证钻井液具有一系列令人满意的性能，如润滑性、防卡钻能力、防泥包能力、防扩径能力、页岩／黏土抑制性、高温稳定性、防油层伤害能力。为了维持井眼和钻井液体系的完整性还可能需要加入其他化学剂，如杀菌剂、除氧剂和防腐剂。

1. 水基钻井液

在同一口井的钻进中，通常要使用两种或两种以上 WBF 体系，这是由于为了针对性地满足同一井眼各个井段所需要的物理化学特性，就需要使用不同的钻井液配方。即使在同一井段的钻进中，也需要不断地调整钻井液的成分，如图 2 所示。

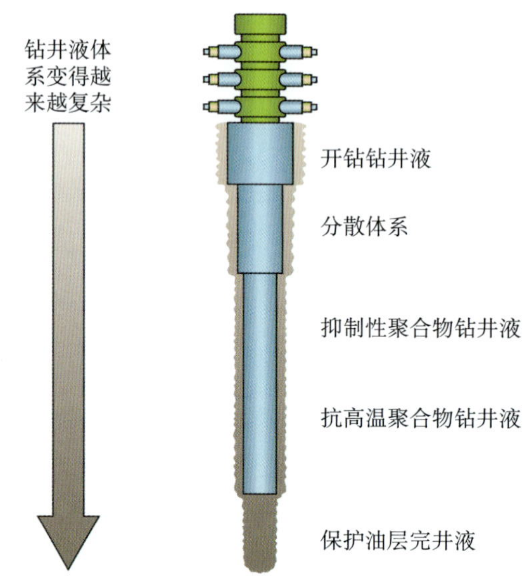

图 2　水基钻井液——配方要求

水基钻井液（WBF）以水为主要成分，可以是淡水、海水或盐水。可以将不同的盐混合使用，以便提供特定的盐水相性能。

图 3 中的饼图显示了各种类型水基钻井液中液相和化学物质的一般比例，以质量分数表示。该数据是根据全球的材料销售量和所用钻井液类型统计资料计算出的平均值。

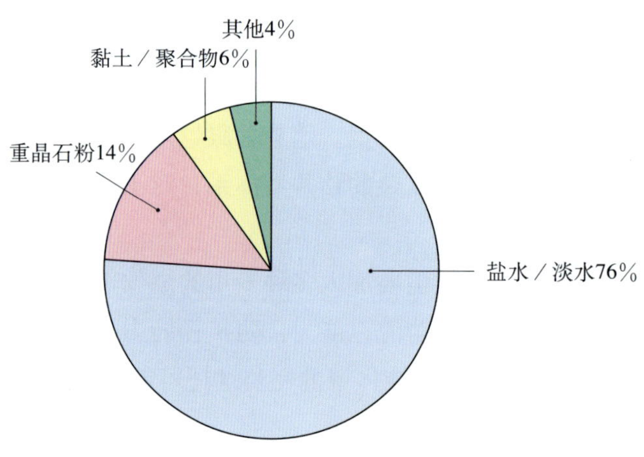

图 3　水基钻井液——化学成分（质量分数，%）

2. 非水基钻井液

根据其芳香烃含量，可以将非水基钻井液（NAF）分为三类（见表 1）[1]。

第Ⅰ类：高芳烃含量钻井液。该类包括原油、柴油和普通的矿物油。这些流体都来自于原油，经过或未经过冶炼，总芳烃含量为 5% ～ 35%。

第Ⅱ类：中芳烃含量钻井液。该类包括从原油加工获得的产品，总芳烃含量为 0.5% ～ 5%，经常称为“低毒矿物油”。

第Ⅲ类：低／可忽略芳烃含量钻井液。该类包括由化学反应制得的流体和精炼的矿物油，按照 OGP（国际油气生产商协会）的定义，总芳烃含量低于0.5%，多环芳烃（PAH）含量低于0.001%。

表1　非水基钻井液分类[1]

非水基钻井液类型	成　分	芳烃含量
第Ⅰ类：高芳烃含量钻井液	原油、柴油、普通矿物油	>5% ~ 35%
第Ⅱ类：中芳烃含量钻井液	低毒矿物油	0.5% ~ 5%
第Ⅲ类：低／可忽略芳烃含量钻井液	酯、LAO，IO，PAO、线型石蜡烃、精炼的矿物油	< 0.5% PAH 含量低于0.001%

1) 非水基钻井液的成分

图4中的饼图显示了各种类型非水基钻井液中液相和化学物质的一般比例，以质量分数表示。该数据是根据全球的材料销售量和所用钻井液类型统计资料计算出的平均值。

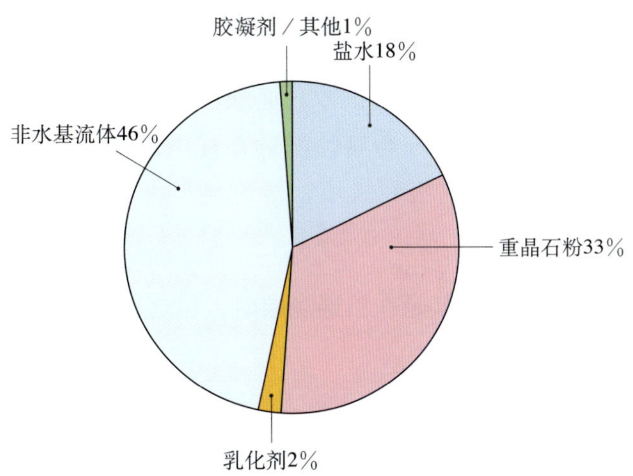

图4　非水基钻井液——化学成分（质量分数，%）

2) 非水基钻井液的选择

在选择非水基钻井液时，有几种物理性能需要考虑，涉及技术、健康、安全和环保等方面的问题。附录3列出了在选择过程中通常考虑的最主要的物理性能。两个关键的参数是基液的蒸汽压和沸点，尤其是在高温条件下。

附录4给出了非水基钻井液中所用主要添加剂的化学特性，概括了下列信息：

- 在钻井液体系中的功用；
- 使用的普遍性；
- 危险性分级举例；
- 特殊危险性，如二氧化硅（SiO_2）含量。

对于相关定义，请参见附录5。

3. 水基钻井液和非水基钻井液中常用的添加剂

许多化学产品既可用于水基钻井液，又可用于非水基钻井液，以获得必要的技术性能。为了说明这些产品的涵盖范围和多样性，附录 6 给出了一些主要产品的信息，包括它们的基本功能。该表并非包罗万象，之所以在本书中给出，是为了说明所需产品的多样性和复杂性。

4. 钻井液的污染

在钻进的地层中可能会出现潜在性的有害物质，有时这是难以预测的。本节介绍一些比较常见的污染物。

（1）烃类污染物：

由于钻井的目的是开采烃类物质，一种已知的烃类污染源就是油气藏。然而在钻穿的上部地层中常常也含有少量的烃类，但达不到商业可开采量。这类地层可以对钻井液造成原油、凝析油和天然气污染。地层中的天然气基本上是由甲烷组成的。

（2）非烃类气体：

地层中可能含有硫化氢（H_2S）及含 H_2S 的水。必须严密监测这种气体的出现，并加以处理，避免人员暴露在硫化氢环境中。由于 H_2S 会腐蚀循环系统中的管材，钻井液中的 H_2S 气体和含 H_2S 的水都必须处理掉。

（3）其他气体：

井眼中有可能会出现一氧化碳，尤其是在钻遇煤层时，但这种情况极为罕见。

（4）低放射性比度（LSA）垢的污染：

在垢的清除作业中，或者在油气井报废的过程中，会发生循环流体的 LSA 垢污染。作业者应意识到这种风险，合适地控制人员接触。关于这一点应参阅 OGP 第 412 号报告《油气工业中天然存在的放射性物质（NORM）管理指南》[40]。

人们通常将这些污染物从钻井液中清除出去或加以处理。即使人们接触到这些污染物的机会很有限，但风险的识别及在第一时间采取补救措施都是十分重要的。

三、接触有害化学物质

钻井液造成的健康危害取决于其中的有害成分，以及人员与这些有害成分的接触（见图 5）。本章分析钻井液和添加剂中的有害成分，及与其相关的健康危害。

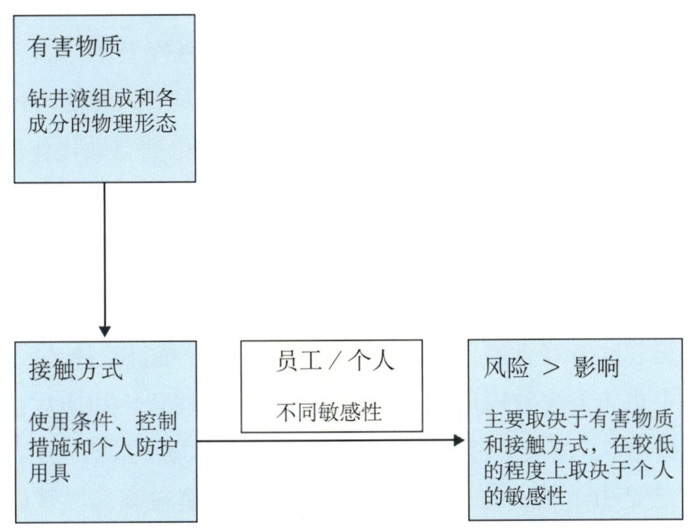

图 5　有害物质、接触方式、风险三者之间的关系

1. 与钻井液有关的健康危害

钻井液对人类健康最常见的危害是皮肤刺激和接触性皮炎，出现频率较低的危害还有头痛、恶心、眼睛刺激和咳嗽[4]。这种危害是由钻井液的物理化学性质引起的，钻井液添加剂的固有性质也有很大关系，而且还取决于如下所述的接触途径（皮肤、吸入、入口等）。

（1）皮肤：

当钻井液在敞开式体系中循环、并处在搅拌状态时，发生皮肤接触的可能性很大。皮肤接触不只是局限于两手和前臂，而是可以延伸到身体的各个部位。实际的接触程度取决于钻井液体系和个人防护用具（PPE）的使用情况。

（2）皮肤刺激和皮炎：

皮肤接触到钻井液之后，最经常出现的后果是皮肤刺激和接触性皮炎[14]（图 6）。接触性皮炎是最常见的化学因素诱发的职业病之一，大约占所有职业病的 10% ~ 15%。发病的症状和严重程度各不相同，取决于接触钻井液的类型和持续时间，还取决于个人的敏感性。

石油烃类会除去皮肤中的天然脂肪，导致皮肤干燥和开裂。皮肤开裂之后就允许化学物质渗透到皮肤内部，造成皮肤刺激和皮炎。有些个人可能会对这种作用尤其敏感。

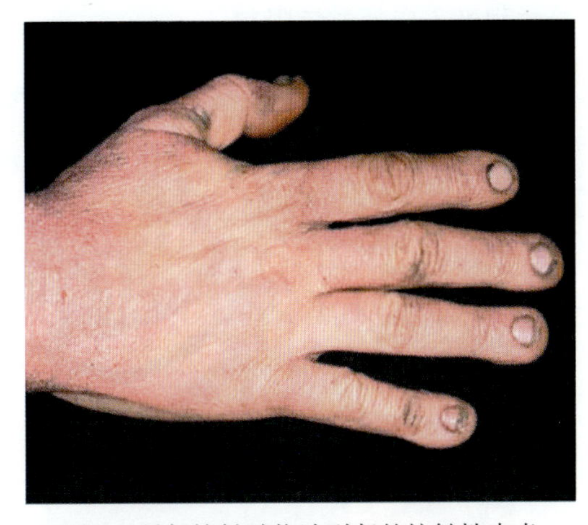

图 6　反复接触矿物油引起的接触性皮炎

皮肤刺激可以归因于石油烃类，尤其是芳香烃和 $C_8 \sim C_{14}$ 石蜡烃[25]。含有这些化合物的石油产品，如煤油和柴油（粗柴油），已明白无误地表明对皮肤有刺激性[26]。人们认为这是由石蜡烃引起的，石蜡烃不易渗透到皮肤中，但可以被皮肤吸收，进而造成皮肤刺激[27]。钻井液中常用的线型 α 烯烃和酯类对皮肤仅有轻微的刺激性，而线型内烯烃完全没有刺激性[28, 29, 30]。

除了钻井液中烃类成分的刺激性之外，其他一些添加剂可能具有刺激性、腐蚀性或敏化作用[14, 31]。例如氯化钙具有刺激性，溴化锌具有腐蚀性[30, 32, 33]，而多胺乳化剂与敏化作用有关[13, 34]。尽管水基钻井液不是以烃类为基液配制的，但其中的添加剂仍可引起刺激和皮炎。

在个人卫生习惯较差时，过分的接触可能会导致油脂性粉刺和毛囊炎。

(3) 致癌作用（皮肤接触）：

钻井液（第Ⅲ类，可忽略芳烃含量钻井液）中常用的烯烃、酯和石蜡烃不含具有特定致癌作用的化合物，在动物实验中也未发生致癌现象。因而皮肤接触这些化学物质后也不会出现肿瘤。然而第Ⅰ类（高芳烃含量钻井液），尤其是燃料柴油，可能会含有大量的 PAH。含有裂解组分的燃料柴油可能具有遗传毒性，这是由于其中的 3 ~ 7 个环的 PAH 比例较高。尽管尚未出现柴油使人类致癌的流行病学方面的证据，但在用老鼠进行的研究（在其皮肤上涂抹柴油）中，已经发现皮肤长期接触柴油，可以引发皮肤肿瘤，而且与柴油的 PAH 含量无关。出现这种现象的原因是慢性皮肤刺激[34]。对人类来说，慢性刺激可以造成小块皮肤增厚，最终形成粗糙的疣状肿块，而这种肿块有可能会转化为恶性。

(4) 吸入：

钻井液通常在一个敞开系统中循环，而且处于高温和搅拌状态之下，这就会在泥浆罐上方形成蒸气、气溶胶和／或尘埃的混合物。在水基钻井液的情况下，蒸气中包含水蒸气和溶在其中的添加剂。在非水基钻井液的情况下，蒸气中可能含有烃类中的低沸点馏分（石蜡烃、烯烃、环烷烃和芳香烃），而在形成的雾中含有烃类的小液滴。这些烃类馏分中可能含有添加剂、硫、单环芳烃和／或多环芳烃，但关于悬浮液滴的详细成分和尺寸知之甚少。值得注意的是，尽管烃类中含有的 BTEX（见缩略语）等低沸点有害物质的量可以忽略，但这些物质能够以相当高的速率蒸发，有可能导致在蒸气相中的浓度高于预期。在某些职业安全与健康方面的法规中可能规定了一些化合物的接触上限，在作业中接触程度不应超过该限制。

（5）气味：

钻井液的气味是一个与健康没有直接关系的话题，但与工作环境有直接关系。某些钻井液具有令人讨厌的气味，可能是由其主要成分引起的，也可能是由某种特定的添加剂引起的。在钻井作业中钻井液可能会被原油和钻屑污染，而这类污染可能会改变钻井液的气味。在作业过程中进行的液上气体[a]挥发物测量表明，在液面上存在二甲基硫醚、异丁醛及其他一些化合物。前两种化合物都有一种刺激性气味，会导致工作环境令人不愉快[5]。

（6）神经中毒：

吸入高浓度的碳氢化合物可能会导致烃诱发性神经中毒，其症状有多种形式，包括头痛、恶心、头晕、疲劳、身体协调性变差、注意力和记忆力减退、步态失稳、甚至昏迷。这些症状都是暂时性的，仅在极高浓度下才会出现[b]。长时间接触高浓度的正己烷可能会导致末稍神经伤害[16]（在实验研究中，让大鼠重复摄入含有最高达5%正己烷的轻质石脑油，结果并未出现神经中毒现象[17]）。

（7）肺部伤害：

对于接触NAF和水基流体气溶胶的员工来说，最常见的症状是咳嗽和多痰[18,19]。针对接触矿物油产生的雾和蒸气的员工所进行的流行病学研究，表明肺纤维化病例增多[6]。较新的吸入毒理学研究表明，接触矿物油类产生的高浓度气溶胶[c]，主要导致了肺泡巨噬细胞在肺部的聚积，这种聚积伴有油滴，其程度与气溶胶浓度相关[20]。气溶胶浓度较高时观察到了炎症细胞，这与一些涉及大量接触气溶胶的员工的临床文献报道一致。这些肺部变化似乎并不是气溶胶在肺部沉积的特有反应，和接触蒸气也没有关系。以上这些有关不同矿物油的研究结果，支持ACGIH®对矿物油产生的雾所规定的5mg/m³TLV值。应当注意的是极高浓度的低黏碳氢化合物气溶胶既可被呼出，也可以液滴的形式沉积在肺中，引起化学性肺炎，有可能会进一步导致肺水肿、肺纤维化，偶尔也会出现死亡病例[22，23]。

在某些情况下，职业性接触钻井液会引起呼吸系统感染[2]，很可能是由钻井液中的添加剂和／或钻井液的物理化学性质所致，这是因为水基钻井液的pH值通常为8.0～10.5[d]。

（8）致癌作用（吸入）：

钻井液（第Ⅲ类：可忽略芳烃含量钻井液）中常用的烯烃、酯和石蜡烃不含有苯或PAH等致癌性化合物[e]。

第Ⅱ类（中芳烃含量）、尤其是第Ⅰ类（高芳烃含量）钻井液可能含有少量的苯。

请注意所有钻井液都可能会被油藏中的原油污染，其中含有少量的苯，这点不一定能够预见到。由于苯的沸点较低，其在蒸气相中的浓度可能会高于预测值。当苯的浓度远高于现行的OEL值0.5×

a“液上气体”是指在规定条件下，与某种物质或几种物质的混合物（液体和／或固体）相关联、并与之处于平衡状态的蒸气相。

b 在动物实验研究中发现，长时间接触高浓度碳氢化合物，有些芳香烃，例如三甲苯和二甲苯，与某些特定的神经中毒现象有关；然而流行病学研究并未发现接触高浓度芳烃含量的石油之后对神经有什么危害。另外，在用大鼠进行的实验研究中，接触高浓度芳烃含量的石油之后，大鼠也未出现神经中毒现象[15]。

c 气溶胶吸入研究表明，吸入烯烃（聚丁烯）气溶胶后，肺泡巨噬细胞数目增加，巨噬细胞的形成速度加快。此外，接触高浓度（700mg/m³）聚丁烯后，由于导致肺水肿，而使四种动物中的三种致命[21]。

d 在感官刺激实验室研究中，让动物暴露在矿物油环境中，结果表明只有当气溶胶的浓度极高时才可能产生不良影响。

e 试验表明实验室动物吸入第Ⅲ类物质不会产生遗传毒性和致癌作用。

10^{-6}（质量分数）时，与其接触就会导致急性白血病[24]。目前的统计数据表明，通常情况下接触浓度的时间加权平均值远低于 0.5×10^{-6}（质量分数）。

(9) 入口：

人人皆知钻井液是不能食用的，因而与其他接触途径比较，入口的可能性很小而几乎可以忽略。然而如果用被污染的手拿取食物或抽烟，入口的风险就不应被忽视。应当遵守良好的卫生习惯。

(10) 其他接触途径或不同途径的组合：

一种更可能发生的情况是眼睛接触到钻井液。第Ⅰ类、第Ⅱ类、第Ⅲ类钻井液中的碳氢化合物对眼睛没有或只有轻微的刺激性。然而，水基和非水基钻井液中的一些专用添加剂可能对眼睛有刺激或腐蚀作用。

在少数情况下，如果钻井液或其基液处于高压状态，可能会通过皮肤注入体内。一般情况下对身体内部组织来说钻井液是低毒性的，因而可预见的主要危害还是皮肤刺激。

(11) 生殖毒性：

与生殖毒性有关的化合物是正己烷[f]和二甲苯[g]。这两种化合物在第Ⅱ类钻井液中少量存在，而在第Ⅰ类钻井液中存在量较大。然而一项研究表明在所涉及的几种职业供职的男士们接触碳氢化合物后，对其妻子的怀孕时间和自然流产率并无多大影响[35]，这项研究涉及 1269 位男士，其职业为海洋石油的机械师、操作人员和钻井人员。钻井液（第Ⅲ类：可忽略芳烃含量钻井液）中常用的烯烃、酯和石蜡烃不影响生育能力，对胎儿的发育也没有毒性。

2. 作为影响因素之一的颗粒尺寸

就健康危害性来说，颗粒尺寸是一个重要的影响因素。颗粒尺寸可以影响物质的空气动力学特性，致使其渗透程度不同，在呼吸系统中沉积的部位也不同。应参阅附录 7 以获取更进一步的信息。

f 只有有限的证据表明会影响动物的繁殖力。
g 只有有限的证据表明对胎儿的发育有毒性。

四、接触钻井液的潜在途径

员工可能会通过吸入气熔胶和蒸气、或皮肤接触的方式接触到钻井液。配制和使用钻井液的过程中，可能在工作场所产生空气悬浮污染物、灰尘、雾和蒸气。吸入灰尘的可能性主要与配制作业有关。最有可能吸入雾和蒸气的地点是沿着连接喇叭口和固控设备的出口管线附近，固控设备可能有振动筛、除砂器、除泥器、离心机和泥浆罐。振动筛本身经常要用高压枪冲洗，并使用碳氢化合物类的液体作为清洗介质，这种操作会在邻近的工作环境中产生雾。

已有报道在振动筛的遮阳棚内员工吸入了高浓度的雾和蒸气，尤其是在清洗和更换振动筛筛布的时候。这种场合既有可能吸入，也有可能皮肤接触。在已见诸报道的某些案例中[2]，气熔胶和蒸气的清除仅依赖于自然通风，使用的是非水基钻井液，当人员在振动筛处进行一些短暂的操作时，吸入的碳氢化合物总浓度最高达450mg/m^3。对钻井液循环系统密封程度较高的钻井平台来说，所报道的吸入浓度远低于该值[3]。

有几种因素可能会影响工作环境中员工接触有害物质的程度，例如钻井液的温度、排量、井深、井段以及NAF的运动黏度，但这些因素的相对权重尚未见报道。关于含油气地层对钻井液处理环节所产生的烃类雾的具体成分的影响，人们知之甚少。尽管有人提出振动筛的振动和蒸气的凝结都可以产生小液滴，但尚没有研究工作支持这一论断[4, 5]。

接触程度与接触频率和持续时间有关。当循环中的钻井液温度升高时，其中的轻烃组分就会蒸发，也就产生了蒸气。(有些矿物基油在70℃下每10h可以蒸发1%体积。) 烃类蒸气冷却后就会凝结成雾。关于所产生的雾滴粒径尺寸，人们的认识有限，但估计应在1μm以下。另外，振动筛也会以机械方式产生雾滴，这种雾滴既含有轻质的、也含有较重的烃类组分，而且这一现象随着温度升高而加强。

液上气体测量表明液体上方的蒸气相浓度随温度升高而上升，例如作为基液的柴油，在20℃下产生的蒸气浓度为100×10^{-6}（质量分数），而80℃下为1000×10^{-6}（质量分数）。

控制工作场所烃类蒸气的量是十分重要的。人们大多认为，工作场所的大多数蒸气都来自非水基液，因为基液是钻井液中最大的组分，一般体积含量超过50%。但研究表明这种认识是不正确的[3]。非水基钻井液产生的烃类蒸气中也含有钻井液添加剂成分，因为有些添加剂挥发性很强；还可能含有所钻遇的含油气地层释放出来的烃类。因此，在筛选钻井液配方时，应尽可能减少有害成分的用量，这点十分重要。通常情况下对员工危害最大的正是那些轻烃组分。降低空气中有机物蒸气的传统作法涉及改进非水基液的特性。然而现场研究表明，将纯净的基油上方的蒸气浓度从 100×10^{-6}(质量分数）降到 10×10^{-6}（质量分数），并不一定能将钻井液释放到工作环境中的蒸气按同样百分比降低[3]。为了评价当班员工的健康风险，必须对员工接触有害物质的可能性有一个清楚的认识。

五、可能的接触场景及影响因素

本章概括性介绍在典型的钻井作业中最可能碰到的员工接触有害物质的各种方式和持续时间，以及不同影响因素。关于这些问题应参阅附录8。

影响最大的因素之一是接触持续时间。不当的个人防护用具如被污染，就会大大增加该持续时间，因为被污染的用具实际上延长了与污染物的接触，尤其是皮肤接触，这类例子有：在碳氢化合物中浸泡过的纤维手套、内部被污染的不透水手套。

1. 振动筛遮阳棚

已有报道在振动筛的遮阳棚内员工吸入了高浓度的雾和蒸气。员工既有可能吸入钻井液产生的气溶胶和雾，也有可能与钻井液皮肤接触。主要的接触机会有：

- 使用高压枪和烃类基液冲洗振动筛；
- 清洗和更换筛布；
- 检查筛布是否有磨损。

有几种因素可能会影响工作环境中员工接触有害物质的程度：钻井液的温度、排量、井深、井段以及NAF的运动黏度。

2. 加料斗

加料斗是一个锥形装置，通过它将粉末状或液态材料及添加剂混入钻井液体系中，这也就产生了员工接触化学剂和其他材料的机会。通常有一个液体循环管路穿过锥斗较细的底部，安装在管路中的节流阀能够产生一种喷射作用，可将材料或添加剂携带到循环中的钻井液内。

在加料斗处通常是由人工搬运和混入材料和添加剂。这种操作可以产生灰尘，也可发生液体溅落，这两种情况都具有潜在的危害性。更现代化的设施允许用机械方式搬运粉末状材料，甚至可以机械化拆除包装、处置包装袋。液体添加剂可以用泵将其泵入加料斗，而不必人工倾倒。

搬运袋装的粉末产品和桶装的液体产品，以及混入重晶石类粉末状产品时，难以避免人员与其接触。此时的接触途径主要是吸入，因为产品在搬运过程中及通过加料斗混入的过程中可能会产生灰尘。但皮肤接触也可能发生，尤其是在粉末状材料的情况下。

作为替代方式，材料和添加剂都可以散装形式盛在大罐中，以机械方式混入钻井液体系，可以通过遥控手段进行操作，以最大限度地减少在井场的人员接触。

3. 泥浆罐区域

工作在泥浆罐上和罐区周围的员工会暴露在高湿度的环境中，这种高湿度是由很热的钻井液遭遇冷空气后发生凝结所造成的。

在该区域的人员通常只需执行一些简单的操作，但却是定期性的、重复性的（每15min左右一次），这就有吸入和皮肤接触的潜在可能。

4. 袋装材料存放

搬运袋装的粉末产品和桶装的液体产品，以及混入重晶石类粉末状产品时，难以避免人员与其接触，既可能有皮肤接触也可能有吸入。

5. 钻台

工作在钻台上的员工与钻井液、润滑油、螺纹脂、液压油等的接触基本上是皮肤接触，由于其手工操作的特点，这种接触可能是长时间的和重复性的。接触的原因可能是手工搬运不干净的设备，以及在清洗和高压冲洗时的喷洒和泄漏。

6. 平台甲板作业

可能会接触到被污染的设备的表面、泄漏的材料；在清运被钻井液污染的钻屑等废料时，也可能会接触到有害物质。

7. 实验室

在钻井进程中，钻井液工程师每天都会多次检测钻井液的性能。检测时需要在泥浆罐中或出口管线处取样，并使用不同试验设备获取必要的数据，以便于对钻井液体系进行分析和性能调整。有一项试验需要在高温下进行，因为要将钻井液中的液相成分——油和水蒸发出来。在通风条件差的情况下，这项试验会产生一些令人不适的气体。有些国家的法规规定在钻井液实验室中必须安装通风柜，实现强制排风。

最近的一些研究项目涉及钻井液测试仪器的改进。仪器改进之后，在测试钻井液的性能时，就可避免人员与钻井液反复接触。进行测试时皮肤接触的可能性比吸入的可能性要高。

测试中只需要少量的钻井液样品，而且一般是在受控的条件下进行的，在后面的表格中将不再考虑测试问题。建议安装强制排风系统。

表 2 ~ 表 7 中给出了有关与有害物质的可能接触方式和持续时间的一般信息，包括上述和钻井作业中通常会遇到的其他主要操作，以及可能影响接触程度的一些因素。这些信息只能作为一般性指南——对特定的工作场所应因地制宜地进行彻底评估。

表 2 振动筛遮阳棚

一般影响因素：环境温度；是否露天；工作场所的空间大小及布局；总体与局部排风条件；员工的 HSE 意识，如穿戴 PPE 的自觉性等。

操 作	目 的	接触持续时间	接触方式	影响因素
取样	• 测量钻井液密度和漏斗黏度（在振动筛之前和之后）	• 属于常规操作； • 发生频率高； • > 15min/h	• 皮肤接触钻井液（手）； • 吸入蒸气（雾）	• 钻井液出口温度； • 钻井液的成分和性能
	• 钻屑取样 / 采集（从振动筛处取样），用于测量钻屑的油含量，或用于地层岩石的分析	• 属于常规操作，但为间歇性的； • 需要取样时接触时间最多为 15 min/h	• 钻井液溅落（面部 / 手 / 身体）； • 皮肤接触钻井液（手）； • 吸入蒸气（雾）	• ROP 及钻屑在筛面上的累积； • 钻井液出口温度； • 钻井液的成分和性能
维护	• 更换筛布（振动筛不工作）	• 属于常规操作，但为间歇性的； • 最多为 5 min/h（仅作为指南）	• 因工作环境受污染而吸入； • 皮肤接触被钻井液污染的设备表面	• ROP； • 振动筛的设计； • 人体工效学； • 筛布寿命
	• 振动筛日常维护	• 属于常规操作，但为间歇性的	• 因工作环境受污染而吸入； • 皮肤接触被钻井液污染的设备表面	• 振动筛的设计； • 人体工效学
	• 振动筛破损修理	• 根据需要	• 因工作环境受污染而吸入； • 皮肤接触被钻井液污染的设备表面	• 振动筛的设计与可靠性； • 人体工效学
	• 清洗作业 　• 筛布； 　• 工作场所； 　• 导流槽	• 根据需要	• 因工作环境受污染而吸入，包括清洗介质产生的雾 / 气溶胶； • 皮肤接触被钻井液污染的设备表面； • 钻井液溅落到面部 / 身体 / 手	• 清洗方法 / 设备 / 介质； • 人体工效学
检查 / 监测	• 了解气体分离器 / 导流槽的工作状况	• 属于常规操作； • 发生频率高； • > 15 min/h	• 因工作环境受污染而吸入； • 钻井液溅落到手上	• ROP； • 人体工效学； • 设备的设计与布局
	• 了解振动筛和筛布的工作状况，例如筛布盲眼、网眼破损	• 属于常规操作； • 发生频率高； • > 5 min/h	• 因工作环境受污染而吸入； • 钻井液溅落到面部 / 身体 / 手	• 人体工效学； • 设备的设计与布局； • 固相的特性 / 量； • 筛布选择

表 3　加料区

一般影响因素：加料设备的设计和类型；是否露天；工作场所的空间大小及布局；总体与局部排风条件；员工的 HSE 意识，如穿戴 PPE 的自觉性等；环境温度。

操　作	目　　的	接触持续时间	接触方式	影响因素
向钻井液体系中加入固体化学剂	• 通过喷管式加料斗加料	• 可变，数小时至数天	• 接触钻井液添加剂：吸入或皮肤接触灰尘； • 皮肤接触被污染的设备表面	• 喷管式加料斗的设计； • 包装类型； • 散装材料输送罐； • 固体材料特性； • 待加入材料的量
	• 直接加入指定的泥浆罐	• 可变，几个小时	• 接触钻井液添加剂：吸入或皮肤接触灰尘； • 皮肤接触被污染的设备表面； • 钻井液溅落	• 加料设备的构型； • 包装类型； • 固体材料特性； • 待加入材料的量
	• 通过自动设备加料	• 可变，几个小时，也可能数天	• 属于正常作业，由于系统全封闭，没有灰尘／溅落	• 系统的可靠性； • 产品是否适合于自动加料； • 包装是否合适
向钻井液体系中加入液体化学剂	• 通过喷管式加料斗加料	• 可变，数小时	• 接触钻井液添加剂：皮肤接触被污染的设备表面，可能发生溅落	• 喷管式加料斗的设计； • 人体工效学； • 包装类型； • 液体材料特性； • 待加入材料的量
	• 直接加入指定的泥浆罐	• 可变，数小时	• 接触钻井液添加剂：皮肤接触被污染的设备表面，可能发生溅落	• 加料设备的构型； • 包装类型； • 液体材料特性； • 待加入材料的量
	• 通过自动设备加料	• 可变，数小时	• 接触钻井液添加剂：皮肤接触被污染的设备表面	• 系统的可靠性； • 产品是否适合于自动加料； • 包装是否合适
处置包装物	• 将用过的包装物收集并处置掉，包括小包装袋、大包装袋、包装桶、中型散装容器	• 数小时，在加料作业过程中持续进行	• 接触钻井液添加剂：皮肤接触被污染的设备表面； • 处置废料过程中吸入灰尘和蒸气	• 包装类型； • 化学剂特性； • 化学剂的兼容性； • 废料的收集、储存和处置方法

表 4　袋装材料存放

一般影响因素：存放区的设计和类型；是否露天；工作场所的空间大小及布局；总体排风条件；员工的 HSE 意识，如穿戴 PPE 的自觉性等；环境温度；天气条件；机械装卸设备的设计和类型。

操　作	目　　的	接触持续时间	接触方式	影响因素
化学添加剂的存放	• 存放袋装或桶装添加剂，用于配制和维护泥浆体系	• 短时间、间歇性	• 皮肤接触被污染的设备表面； • 搬运包装破损的材料时吸入灰尘和蒸气	• 包装类型； • 化学剂特性； • 存放区的布局和设计
化学添加剂的人力搬运	• 将袋装或桶装化学添加剂运至加料区或从加料区移开	• 短时间、间歇性	• 皮肤接触被污染的设备表面； • 搬运包装破损的材料时吸入灰尘和蒸气	• 包装类型； • 化学剂特性； • 人体工效学
化学添加剂的机械搬运	• 将带包装的化学添加剂运至加料区或从加料区移开	• 短时间、间歇性	• 搬运包装破损的材料时吸入灰尘和蒸气	• 包装类型； • 化学剂特性

表 5　泥浆罐

一般影响因素：罐区的设计和总容量；是否露天；周边工作场所的空间大小及布局，例如：敞口罐还是封闭罐；总体排风条件；局部排风条件；员工的 HSE 意识，如穿戴 PPE 的自觉性等；环境温度；天气条件。

操　作	目　　的	接触持续时间	接触方式	影响因素
泥浆罐的使用	• 盛放钻井液	• 连续性	• 吸入蒸气／雾	• 钻井液温度； • 裸露的液面面积； • 罐的设计和尺寸； • 工作场所的设计
人力清洗泥浆罐	• 人力清除流体／固相，并清洗罐的内表面	• 在清洗作业期间是连续性的	• 溅落、接触被污染的设备表面、吸入蒸气／雾	• 温度； • 人体工效学； • 有限空间； • 清除工具的设计和操作方法； • 照明条件
自动清洗泥浆罐	• 机械方式清除流体／固相，并清洗罐的内表面	• 仅限于设备的安装和拆除期间	• 接触被污染的设备表面、吸入蒸气／雾	• 泥浆罐的构型； • 泥浆罐的设计； • 清除设备的设计
在罐之间倒钻井液或循环钻井液	• 在罐之间倒钻井液，通常使用水龙带和泵； • 搅拌罐内钻井液	• 仅限于管线连接和泵送钻井液期间	• 接触被污染的设备表面、吸入蒸气／雾，可能发生溅落	• 泵送／搅拌设备的设计； • 操作方法； • 泥浆罐的设计； • 人体工效学

表 6　钻台

一般影响因素：工作区的空间大小及布局；总体排风条件；员工的 HSE 意识，如穿戴 PPE 的自觉性等；环境温度；天气条件；PPE 的类型和适用性。

操　作	目　　的	接触持续时间	接触方式	影响因素
钻杆操作	• 下套管、起下钻、接单根、下完井管柱	• 起下钻期间为连续性	• 皮肤接触被污染的设备表面或螺纹脂； • 钻井液溅落； • 皮肤接触、吸入蒸气／雾	• 螺纹脂的特性； • 钻台作业的自动化程度； • 钻井液温度
清洗	• 清除钻井液污染	• 清洗作业期间、间歇性	• 溅落、皮肤接触被污染的设备表面； • 吸入蒸气／雾／气溶胶	• 清洗设备的类型和所用的清洁剂

表 7　平台甲板作业

一般影响因素：工作区的空间大小及布局；所用设备的设计；总体和／或局部排风条件；员工的 HSE 意识，如穿戴 PPE 的自觉性等；环境温度；天气条件；PPE 的类型和适用性；人体工效学。

操　作	目　　的	接触持续时间	接触方式	影响因素
钻屑处置	• 钻屑收集、钻屑运输	• 连续性	• 皮肤接触被污染的设备表面； • 钻井液溅落； • 皮肤接触、吸入蒸气／雾	• 温度； • 废料的量和特性； • 钻屑输送设备的设计和操作方法
	• 钻屑异地填埋和储存	• 钻井作业期间为连续性	• 皮肤接触被污染的设备表面； • 可能发生溅落； • 皮肤接触、吸入蒸气／雾	• 异地填埋设备的设计和操作方法； • 人体工效学； • 工作区的空间大小及布局； • 废料的量和特性
钻屑处理	• 将钻屑转化成浆液并回注，包括取样和分析	• 钻井及回注作业期间为连续性	• 可能发生溅落； • 皮肤接触、吸入蒸气／雾	• 温度； • 浆液的量和特性； • 设备的设计
	• 钻屑高温处理	• 处理期间为连续性	• 吸入释放的蒸气； • 吸入处理后的钻屑所产生的灰尘	• 温度； • 处理设备的设计和操作方法； • 工作区的空间大小及布局

8. 接触状况监测

对工作场所或对某一特定员工进行监测，以评估接触有害物质的程度，是风险管理过程的一个重要方面，应当定期进行，以评估所实施的控制措施的有效性，便于进一步改进。

1）空气监测

监测空气中的灰尘、气溶胶和蒸气是准确评估各种钻井液产品在工作环境中的存在浓度的好办法。所需要的样品采集方法随着钻井液的化学成分和取样持续时间而变。常用的方法包括：

- 比色检测管；
- 被动与主动吸附取样器；
- 过滤器；
- 直读式仪器；
- 吸附法。

（详细信息请见附录9）。

2）皮肤监测

监测人员健康状况的常用且有效的途径就是皮肤监测。皮肤监测的方法包括：

- 被动皮肤监测；
- 目视检查；
- 通过皮肤而损失的水分；
- 皮肤含水量测定。

（详细信息请见附录9）。

9．工作场所健康监测

工作场所健康监测是一种专门设计的程序，用来系统地探测和评估暴露在某种健康风险之中的员工的早期健康危害征兆。监测方法可能简单，也可能复杂，这取决于岗位风险的类型和有害物质，例如：

- 当员工有可能接触会引起皮炎或敏化作用的物质时，监测皮炎的迹象；
- 进行医学（包括生物）监测，以检测体内毒素的存在量，例如化验血样或尿样，以检测是否存在苯或重金属。

为了使工作场所健康监测切实可行，应当考虑以下几条准则：

- 已经出现了一种明显的疾病或其他健康危害。
- 疾病或健康危害与接触有害物质有关。
- 疾病或健康危害很可能发生。
- 现有的技术可以探测疾病或健康危害的征兆。

附录10中给出了有关具体监测方法的详细信息，这些方法都可用于与钻井液有关的健康监测。

10．健康记录

在有法规规定的情况下，健康监测数据记录（例如肺功能测试数据）必须存档若干年以上。如果没有法规规定，OGP/IPIECA 第393报告[39]建议，在员工离职之后，其健康记录还要继续存档至少40年。

六、风险管理

减少职业性接触有害物质的最佳途径是贯彻风险管理原则，这些原则是识别工作场所 HSE 有效控制措施的关键所在。

风险管理过程是一个循环往复、持续改进的过程，在钻井作业的整个周期内应持续进行（见图 7）[36]。为了识别潜在的危害，负责选择和设计钻井液体系的人员，应将有关钻井液各种成分的技术资料，告知负责风险管理的人员，这点是至关重要的。

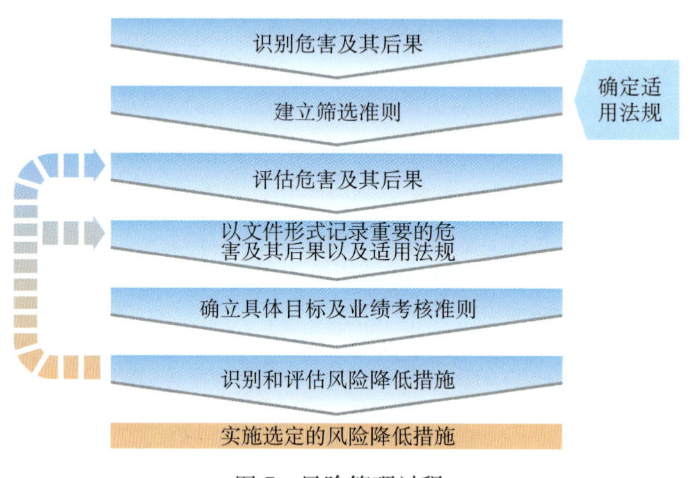

图 7　风险管理过程

1. 风险控制措施的优先性排序

在钻井作业的每一阶段，如果已经识别出了钻井液的有害成分，并伴有接触风险，则应按如下优先性顺序考虑风险控制措施：

- 消除；
- 替代；
- 工程控制；
- 管理控制（卫生措施、当班时间、意识和培训）；
- 个人防护用具。

1）消除

所有作业的努力方向均是应避免使用有害物质，以及制定避免可能造成人员接触有害物质的工序。由于钻井液工程师的个人偏爱或特定厂商的积极推荐，井场可能有许多品牌的添加剂和化工产品，而在这种工程条件下可能有一些常用的添加剂可以被使用。现场可能堆放着很多种已知性能和功用的化学剂，而这是没有必要的，只会妨碍风险管理。每一口井的钻井作业，都应力图将所用的化学剂的数量降到绝对最低。

2）替代

钻井液所产生的危害不仅与其基液有关，还与所用的添加剂有关。反复接触钻井液之后所观察到的主要危害是皮肤刺激和皮炎。皮肤刺激可能是由 C_9 ~ C_{14} 的石蜡烃和芳香烃引起的，其他一

些添加剂也可能有此危害。使用水基钻井液或以第Ⅲ种烃类（例如，酯、α 烯烃或线型内烯烃）为基液配制的非水基钻井液，可以减轻皮肤刺激。

高芳烃含量的钻井液可能含有少量的苯和大量的PAH，它们可能具有致癌作用。另外，以柴油为基液的钻井液由于其对皮肤的慢性刺激，也可能具有致癌作用。使用水基钻井液或低芳烃含量的钻井液可以减轻致癌作用。

3）工程控制

理想情况是，工作场所的设计中应包括所需的工程控制措施，以便使员工在工作场所与有害物质的接触程度降到最低。一些旧钻机有时无法容纳大型的排风系统或改进的钻井液出口管线，而二者都是降低人员与钻井液接触程度的工程控制措施。在招标过程中就应考虑钻机容纳工程控制措施的能力（或经过改造之后能容纳），目的是将人员与有害物质的接触程度降到可以接受的限制水平。

近几年开发了许多新技术，旨在解决工作环境恶劣的问题。下面给出了几个实例。

（1）控压钻井（MPD）和欠平衡钻井（UBD）：

MPD 和 UBD 作业均要求喇叭口区域及通向振动筛的出口管线全封闭，而且要求二者能够承受高于大气压的压力。这些作法可保证从井眼中循环出的钻井液所产生的天然气、蒸气和凝结物被封闭起来而不会逸出。并非在所有钻井作业中都采用这些作法，而主要是与MPD 和 UBD 两项新的钻井技术配合使用。

（2）振动筛排风罩：

随着排风技术的改进和经验积累，能将振动筛封闭起来的排风罩的使用变得越来越普遍。

（3）散装材料搬运和封闭加料系统：

更为现代化的设施能够以机械方式搬运或输送粉末状材料，甚至可以自动拆除包装和处置包装材料。液体添加剂可以用泵打入钻井液体系，而不是由人工进行倾倒。另一种方法是，将散装添加剂预先装入一个容器中，然后通过遥控手段将其混入钻井液体系。

（4）在封闭的泥浆罐中使用传感器：

使用了传感器就可以将泥浆罐全封闭，在控制面板上监测泥浆罐液面（而不是现场目测）。这就减少了释放到工作环境中的天然气、蒸气和凝结物。

（5）实时测量装置的引入：

自动取样和测试装置可以避免人工到罐口／敞开的泥浆罐上取样，也就减少了与有害物质的接触。

2. 行政管理措施

1）卫生措施

（1）洗衣房作法：

劳保服和皮肤都会受到化学剂污染，必须经常洗涤。在井场发生刺激皮肤的最常见原因之一就是工装裤和劳保服的洗涤不彻底。如果洗涤不彻底，劳保服上就会带有钻井液残留物，下次穿用时就可能引起皮肤刺激。在清洗被 NAF 污染的劳保服时推荐使用下列程序：

- 勿使洗衣机过载。
- 指定一台洗衣机用于清洗被钻井液污染的劳保服。未被 NAF 污染的衣服一定要使用另一台洗衣机清洗。
- 当洗涤被污染的衣服时，让洗衣机运转至少两个洗衣周期，且要使用热水和洗涤剂。如果污染极其严重，可能需要更多的洗衣周期。
- 如果反复洗涤不可能或不现实，在洗涤之前将脏衣服在洗涤剂溶液中预浸泡 1 ～ 2h。

（2）洗浴设施：

下班后和工间休息时间清洗掉皮肤上的灰尘和污染物是极为重要的，这就需要提供洗浴设施，至少应包括流动的热水和冷水、指甲刷和干净的毛巾。

用流动温水（不可太烫）冲洗皮肤，之后再将皮肤弄干，将有助于进一步降低患皮炎的可能性；干净的毛巾优于热吹风，因为后者会导致皮肤脱脂肪，且吹风干燥需要较长时间，使人们往往失去正确使用的耐心。应将皮肤充分擦干，以免出现裂口，尤其是在寒冷的天气。因此应随时备好干净的毛巾；肮脏的毛巾意味着使皮肤暴露在更多的灰尘和细菌中，增大了发生感染的风险。井场供应洗浴用水的水质可能彼此差别很大，其硬度和 pH 值取决于水的来源；这些因素可能也会促使皮肤干燥。

（3）皮肤清洗：

在皮肤被污染不十分严重的情况下，用香皂和水清洗是清除灰尘和污物的最有效方法。但正确选择香皂十分重要：优质香皂在适当的水流中可产生较多泡沫，可以实现安全而充分的清洗。

应避免使用溶剂和去污粉类颗粒状材料，它们倾向于除去过多的皮肤天然油脂，使得皮肤更易被感染，也会引起皮炎或其他皮肤伤害。现在市场上很容易买到各种沐浴露，这些产品可以安全而有效地清除灰尘和污染物，而不会干扰皮肤的结构和功能。

如果某些工作场所没有自来水供应，可以使用特殊的无水皮肤清洗剂和湿纸巾。

（4）护肤脂：

使用通用护肤脂是为了保护皮肤免遭水溶性或油溶性刺激物的伤害，但它们的效力是有一定限度的，决不能被认为可以代替良好的职业卫生习惯、充分的皮肤清洁和调理。护肤脂的主要优点在于使皮肤上的污染物易于清除。

应在良好的卫生条件下将护肤脂涂敷在皮肤表面。即使涂敷得当，其效力也会在 2 ～ 3h 后大幅度降低，应当重新涂敷；在每次洗手之后也应重新涂敷。对已经发生过敏的人员来说，护肤脂就没有什么保护作用了，这是因为在这种情况下人员对极少量的敏化剂都会有反应。有些人对护肤脂中的某些成分也有反应，这些人使用护肤脂时，尤其是同时使用不透气的劳保手套，护肤脂本身就会造成皮肤感染。在每个更衣室，都应提供护肤脂，应盛放于安装在墙上的卫生状况良好的取液瓶中，而且应提供替代品，以备那些对某个特定品牌过敏的人员所用。

（5）皮肤调理：

使用调理霜是皮肤保护过程的最重要的步骤，但却是最经常被忽略的一步。下班后使用皮肤调理霜有助于补充因接触化学物质和频繁清洗而流失的天然脂肪和油脂。调理霜也有助于补充受到伤害的皮肤细胞，减轻皮肤上各种切口、刮伤和擦伤的感染。就像使用护肤脂一样，调理霜也应涂敷在洁净而干燥的皮肤上。

强力推荐安装专门设计的取液瓶，用来盛放液体和胶状的清洗剂和护肤用脂或霜类产品。如果很多人使用一个敞口式或公用的容器中的洗涤用品，就可能会发生交叉感染或用品被污染，这种专门设计的取液瓶可将该风险降到最低。在淋浴间也应安装这种取液瓶。

（6）当班时间：

一种有效的行政管理措施之一是变换员工的班次和实行轮岗，这样可以缩短员工接触潜在危险物质的时间。

（7）意识与培训：

有关危险物质、可能的接触工况及其对健康危害的意识和培训是至关重要的。

- 应为钻井液体系、原材料和添加剂提供材料安全数据单。
- 员工在接触这些化学物质之前应当阅读所有原材料和添加剂的材料安全数据单。
- 应针对以下问题对员工进行培训：推荐的材料搬运措施；个人防护用具的选择、维护和存放；井场卫生与安全设施；职业病（如皮肤感染）的报告程序，以及如何向钻井监督报告可能会增大接触有害物质风险的作业步骤。

- 在为井场配备医护人员时，应考虑他们在这些化学物质所引起的急性职业病的诊断和首次处理方面的经验和专长。

(8) 紧急情况：

在为常规作业制定行政管理措施时，应考虑到一些紧急情况，例如发生大量溢油。

3. 个人防护用具

有效使用个人防护用具（PPE）所涉及的最重要的因素之一是人体舒适性。如果感觉不舒适或员工的活动受到限制，那么他们就不会按规定穿戴个人防护用具。

建议员工穿劳保服，以防止与化学物质直接接触。个人防护用具可包括防溅护目镜、耐化学不透水手套、劳保胶靴、工服，在钻工起下钻或在遭受油雾严重污染的环境中工作时，还应包括油布雨衣[37]。

戴耐化学手套和穿耐化学工服通常是在工作场所避免皮肤接触有害化学物质的主要手段。选择手套和工服时，通常是基于制造商的实验室化学渗透数据。而这些数据往往不能代表工作场所的实际条件，如高温、高压、反复弯曲，以及供应商之间的产品差别[38]。

在工作场所的室温太高时，为了减轻员工中暑的可能性，可以使用一次性防化学工服来代替油布雨衣。但这取决于破损时间和污染程度，这类一次性工服和/或防化学手套，可能需要定期更换。

在进行钻井液相关作业时，如果缺乏良好的通风条件，建议随时佩戴护目镜和自给式呼吸器。

呼吸防护设备（RPE）被认为是最后的手段，只有当其他手段不足以降低风险时才应考虑使用RPE。必须保证所选择的RPE适合于使用目的，起到足够的保护作用。RPE应能将接触程度降到合理的水平，即在任何情况下都能降到职业接触上限或其他控制上限之下。为保证所选择的RPE能够为特定的使用者提供充分保护，强烈推荐进行适用性测试，包括全面罩、半面罩、一次性面罩测试，这样才能保证适用性差的面罩不会被选择。

正压呼吸器只能提供有限的附加保护作用，不能作为上述设备的替代品。在作业中如果可能会接触碳氢化合物，则应使用带有有机蒸气滤芯的复合过滤器。

七、结论与建议归纳

钻井作业相关人员可能会接触钻井液中的有害成分。因此，只要可能，就应实施风险管理和风险控制，目的无非是减轻对有害物质的职业性接触程度。

主要工作如下：

- 充分了解钻井液的成分及其健康危害。
- 充分了解接触途径和影响因素。
- 采用标准的风险控制措施优先性顺序进行风险管理：
  - 消除；
  - 替代；
  - 工程控制；
  - 管理控制；
  - 个人防护用具。

应监测接触程度，定期复审控制措施，以保证措施持续有效。

最佳作法包括：

- 选择有效且可靠的控制措施，以最大限度地降低与化学物质的接触程度，用危害性较低的化学剂代替高危害性化学剂。
- 精心设计工程控制措施和作业流程，以最大限度地降低有害物质的排放、泄漏和扩散。
- 控制措施应与健康风险相匹配，且应考虑到所有可能的接触途径。
- 对工作场所进行监测，以便定量化反映与有害物质的接触程度。
- 在健康风险和控制措施有效贯彻方面为员工提供足够的信息和培训。
- 实行相关健康监测措施。
- 定期复审并聘请专家审核控制措施的有效性。
- 持续改进。

参考文献

1. OGP Non-Aqueous Drilling Fluids Task Force. Environmental Aspects of the Use and Disposal of Non Aqueous Drilling Fluids Associated with Offshore Oil & Gas Operations. Report No. 342 (2003). Available from www.ogp.org.uk.

2. Davidson, R.G., Evans, M.J., Hamlin, J.W. and Saunders, K.J. Occupational Hygiene Aspects of the Use of Oil-Based Drilling Fluids. Ann Occup Hyg 32 (1988) 325-332.

3. James, R., Navestad, P., Schei, T., et al. Improving the Working Environment and Drilling Economics Through Better Understanding of Oil Based Drilling Fluid Chemistry. SPE 57551, SPE/IADC Middle East Drilling Technology Conference, Abu Dhabi, 8-10 November 1999.

4. Eide, I. A Review of Exposure Conditions and Possible Health Effects Associated with Aerosol and Vapour from Low-Aromatic Oil-Based Drilling Fluids. Ann Occup Hyg 32 (1990) 149-157.

5. Gardner, R. Overview and Characteristics of Some Occupational Exposures and Health Risks on Offshore Oil and Gas Installations. Ann Occup Hyg 47 (2003) 201-210.

6. Skyberg, K., Ronneberg, A., Kamoy, J.I., Dale, K. and Borgersen, A. Pulmonary Fibrosis in Cable Plant Workers Exposed to Mist and Vapour of Petroleum Distillates. Environ Res 40 (1986) 261-273.

7. Malvik, B. and B.rresen, E. Methods for Measuring Oil Mist and Vapour. STF21 A88028, Trondheim: SINTEF Technical Institute (1988).

8. National Institute of Occupational Safety and Health, USA (1994).

9. Cherrie, J.W. A Conceptual Model of Dermal Exposure Assessing Skin Exposure. Occupational and Environmental Medicine 56 (1999) 765-773.

10. U.S. Department of Labor, Occupational Safety & Health Administration. Dermal Dosimetry. www.osha.gov/SLTC/dermalexposure/dosimetry.html (accessed on July 19, 2007).

11. Malten, K.E.Thoughts on Contact Dermatitis. Contact Dermatitis 7 (1981) 238-247.

12. EnviroDerm Services.Technical Bulletin No. 4: Health Surveillance and the Skin. (September 2000).

13. Ormerod, A.D., Dwyer, C.M. and Goodfield, M.J. Novel Causes of Contact Dermatitis from Offshore Oil Based Drilling Muds. Contact Dermatitis 39 (1998) 262-263.

14. Cauchi, G. Skin Rashes with Oil-Base Mud Derivatives. SPE 86865, SPE International Conference on Health, Safety, and Environment in Oil and Gas Exploration and Production, Calgary, 29-31 March 2004.

15. Douglas, J.F., McKee, R.H., Cagen, S.Z., Schmitt, S.L., Beatty, P.W., Swanson, M.S., Schreiner, C.A., Ulrich,
C.E. and Cockrell, B.Y. A Neurotoxicity Assessment of High Flash Aromatic Naphtha. Toxicol Ind Health 9 (1993) 1047-1058.

16. Huang, J., Kato, K., Shibata, E., Sugimura, K., Hisanaga, N., Ono, Y. and Takeuchi, Y. Effects of Chronic n-Hexane Exposure on Nervous System-Specific and Muscle-Specific Proteins. Arch Toxicol 63 (1989) 381-385.

17. Schreiner, C., Bui, Q., Breglia, R., Burnett, D., Koschier, F., Lapadula, E., Podhasky, P. and White, R. Toxicity Evaluation of Petroleum Blending Streams: Inhalation Subchronic Toxicity/Neurotoxicity Study of a Light Catalytic Reformed Naphtha Distillate in Rats. J.Toxicol Environ Health A 60 (2000) 489-512.

18. Ameille, J.,Wild, P., Choudat, D., Ohl, G.,Vaucouleur, J.F., Chanut, J.C. and Brochard, P. Respiratory Symptoms, Ventilatory Impairment, and Bronchial Reactivity in Oil Mist-Exposed Automobile Workers. American Journal of Industrial Medicine 27 (1995) 247-256.

19. Greaves, I.A., Eisen, E.A., Smith, T.J., Pothier, L.J., Kriebel, D.,Woskie, S.R., Kennedy, S.M., Shalat, S. and Monson, R.R. Respiratory Health of Automobile Workers Exposed to Metal-Working Fluid Aerosols: Respiratory Symptoms.

American Journal of Industrial Medicine 32 (1997) 450-459.

20. Dalbey,W.E. and Biles, R.W. Respiratory Toxicology of Mineral Oils in Laboratory Animals. Appl Occup Environ Hyg 18 (2003) 921-929.

21. Skyberg, K., Skaug,V., Gylseth, B., Pedersen, J.R., and Iversen, O.H. Subacute Inhalation Toxicity of Mineral Oils, C15-C20 Alkylbenzenes, and Polybutene in Male Rats. Environ Res 53 (1990) 48-61.

22. Proudfit, J.P., Van Ordstrand, H.S., and Miller, C.W. Chronic Lipid Pneumonia Following Occupational Exposure. Arch Industrial Hygiene Occupation Med 1 (1950) 105-111.

23. Foe, R.B. and Bigham, R.S., Jr. Lipid Pneumonia Following Occupational Exposure to Oil Spray. Journal of the American Medical Association 155 (1954) 33-34.

24. Schnatter, A.R., Rosamilia, K. and Wojcik, N.C. Review of the Literature on Benzene Exposure and Leukemia subtypes. Chemical Biological Interactions 153-154 (2005) 9-21.

25. Babu, R.J., Chatterjee, A. and Singh, M. Assessment of Skin Irritation and Molecular Responses in Rat Skin Exposed to Nonane, Dodecane and Tetradecane. Toxicol Lett 153 (2004) 255-266.

26. Fischer, T. and Bjarnason, B. Sensitizing and Irritant Properties of 3 Environmental Classes of Diesel Oil and Their Indicator Dyes. Contact Dermatitis 34 (1996) 309-315.

27. McDougal, J.N., Pollard, D.L., Weisman, W., Garrett, C.M.and Miller,T.E.Assessment of Skin Absorption and Penetration of JP-8 Jet Fuel and Its Components. Toxicol Sci 55 (2000) 247-255.

28. Henkel, K. Acute skin irritation—rabbit. Protocol OECD 404. Henkel KGaA. (1989).

29. OECD. SIDS Initial Assessment Report—Alpha Olefins. UNEP (2000).

30. OECD. SIDS Initial Assessment Report—Higher Olefins. UNEP (2003).

31. Knox, J.M., Dinehart, S.M., Holder,W., Cox, G. and Smith, E.B. Acquired Perforating Disease in Oil Field Workers. Journal of the American Academy for Dermatology 14 (1986) 605-611.

32. Saeed, W.R., Distante, S., Holmes, J.D., and Kolhe, P.S. Skin Injuries Afflicting Three Oil Workers Following Contact with Calcium Bromide and/or Calcium Chloride. Burns 23 (1997) 634-637.

33. Ormerod, A.D.,Wakeel, R.A., Mann,T.A., Main, R.A. and Aldridge, R.D. Polyamine Sensitization in Offshore Workers Handling Drilling Muds. Contact Dermatitis 21 (1989) 326-329.

34. CONCAWE. Gas oils (diesel fuels/heating oils). CONCAWE Product Dossier 95/107 (1996) CONCAWE, Brussels.

35. Bull, N., Riise, T. and Moen, B.E. Influence of Paternal Exposure to Oil and Oil Products on Time to Pregnancy and Spontaneous Abortions. Occup Med (Lond). 49 (1999) 371-376.

36. E&P Forum. Guidelines for the Development and Application of Health, Safety and Environmental Management Systems. Report No. 6.36/210 (1994) Available from www.ogp.org.uk.

37. The Petroleum Industry Training Service Non Water Based Drilling and Completion Fluids. Industry recommended Practice (IRP) Volume 14 (2002).

38. Klingner,T.D. and Boeniger, M.F. A Critique of Assumptions About Selecting Chemical-Resistant Gloves: A Case for Workplace Evaluation of Glove Efficacy. Appl Occup Environ Hyg 17 (2002) 360-367.

39. OGP/IPIECA. Health Performance Indicators: A Guide for the oil and gas industry. OGP Report Number 393, 2007.

40. OGP. Guidelines for the management of Naturally Occurring Radioactive Material (NORM) in the oil & gas industry. OGP Report No. 412. September 2008.

缩略语

ACGIH®	美国政府工业卫生学家会议
BTEX	苯、甲苯、乙苯和二甲苯
HSE	健康、安全与环保
IO	内烯烃
LAO	直链 α - 烯烃
LP	直链石蜡烃
LSA	低放射性比度垢的污染
mg/m^3	毫克每立方米
NAF	非水基钻井液
NIOSH	（美国）国立职业安全与健康研究所
OEL	职业性接触上限
OGP	国际油气生产商协会
PAH	多环芳烃
PAO	聚 α - 烯烃
PPE	个人防护用具
ppm	百万分之一
ROP	机械钻速（钻井）
TLV	阈极限值
TWV	时间加权平均
WBF	水基钻井液

术语集

气溶胶：不同粒径的颗粒在空气中形成的悬浮体。

生物监测：定期检测是否存在有害物质或其代谢物，以及人体组织、呼出的气体或排出的体液中是否发生了生物变化。

致癌性的：能够诱发癌症。

化学名称：物质的科学或技术名称。

规程：有关某一领域内通行的作法和程序的准则、标准和其他信息的系统化汇编。

控制措施：防止或减少人员与有害物质接触的方法。措施优先性排序是按照所采取的各种措施的有效性从高到低排列的。

腐蚀性的：与之接触时会对材料和生物组织（例如皮肤）造成破坏。

细胞毒性的：能够对生物细胞造成伤害。

尘埃：由机械研磨或固体材料的破碎而产生，其粒径范围为 0.1 ~ 100μm（微米）。

接触：如果某人通过摄取、吸入、皮肤或黏膜而吸收或很可能吸收有害物质，则称此人接触了有害物质。

烟雾：由挥发性物质燃烧、升华或凝结而产生，其粒径通常小于 0.1mm。但随着这种气溶胶老化，烟雾有可能发生聚结而形成较大的颗粒。

气体：在标准温度与压力下通常以气态存在的物质。

危险：某种物质引起的危险是指该种物质造成伤害的潜在可能性。

危险性物质：会影响员工的健康、造成疾病或死亡的化学剂或其他物质；以及法律规定供应商、制造商或进口商必须随货物提供现行的材料安全数据单的任何物质。自 1997 年 9 月始，危险性物质包括具有致癌、诱变、致畸作用的物质，以及细胞毒性药物。

健康监测：因人员接触有害物质而对其健康状况进行的监测（包括生物监测或体检）。监测的目的是尽早发现因接触有害物质而导致的健康状况改变。

控制措施优先性顺序：按照各种措施的有效性给出的由高到低排列顺序。排在顶部的是可以消除危险的最有效的措施，而排在底部的是只能提供有限的保护作用、因而不太令人满意的措施。

雾：悬浮在空气中的液体凝结物或小液滴，可以生成气溶胶。

烟尘：固体颗粒的悬浮体，是由有机物的不完全燃烧形成的；颗粒尺寸通常小于 0.5mm，不容易沉降。

蒸气：在标准温度与压力下通常以液态存在的物质，因蒸发而产生的气体。

OGP／IPIECA 成员公司

国际油气生产商协会（OGP）

在一些国际组织面前，例如国际海洋组织、联合国环境规划署（UNEP）区域海洋公约、联合国（UN）所属其他组织，OGP 代表上游油气工业。在区域层面，OGP 在欧盟委员会、欧洲议会和 OSPAR 东北大西洋委员会中代表石油工业。OGP 还扮演着一个同等重要的角色，即推广、普及最佳作法，尤其是在健康、安全、环保和社会责任方面。

国际石油工业环境保护协会（IPIECA）

国际石油工业环境保护协会于 1974 年成立，恰在联合国环境规划署（UNEP）设立之后。IPIECA 提供了工业界与联合国之间进行沟通的主要渠道之一。

在全球环境和社会问题方面，IPIECA 是代表上、下游油气工业的唯一协会性组织。IPIECA 的工作计划，充分考虑了有关这些问题的国际最新进展。是油气工业和国际组织之间交流与合作的平台。

IPIECA 的工作目标，是在油气工业领域，为环境和社会问题提供和推广科学、有效且可行的解决方案。IPIECA 不是一个游说性机构，而是提供一个讲坛，鼓励石油工业持续改进环境和社会责任方面的业绩。

附录 1：钻井液配方设计历史沿革

1. 水基钻井液（WBF）

图 1 表示水基钻井液的发展趋势，从非常简单的泥浆体系到化学组成极为复杂的体系。在钻井液配方方面的主要进展如下：

- 防止黏土钻屑软化并黏附在钻具上；
- 改进润滑性，降低扭矩和摩阻；
- 使钻屑排放符合环保要求。

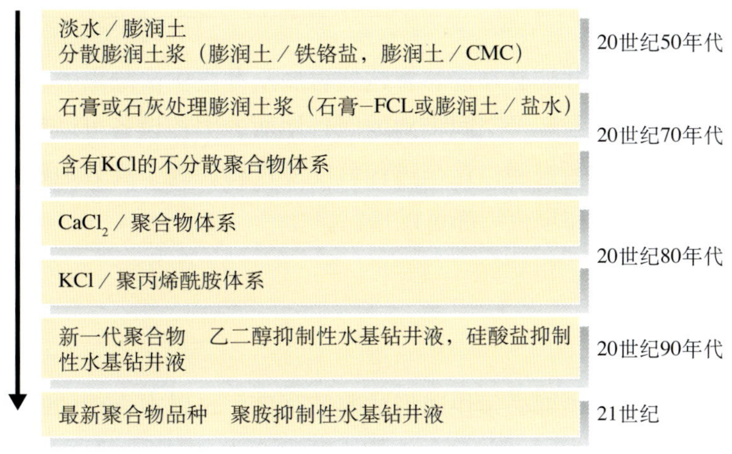

图 1　水基钻井液发展史

这些技术方面的改进都是环保法规所要求的，而且钻井条件对钻井液的要求也越来越苛刻。

2. 非水基钻井液（NAF）

图 2 表示油基钻井液的发展趋势。最初几年认识到的收益是 NAF 能够防止黏土钻屑软化并黏附在钻具上。后来随着钻井工况变得更为复杂，又认识到 NAF 还具有良好的润滑性。近几年来，技术进步及对健康和环境问题的考虑都影响到了油基钻井液的发展。

1920年　工程　环境　健康／安全　至今 →

第 I 类	第 I 类	第 I 类（早期）	第 II 类	第 III 类（晚期）
C_2及以上 原油 环烷烃 PAH	C_8及以上 柴油 环烷烃	C_{11}～C_{20} 矿物油 环烷烃	C_{11}～C_{20} 低毒矿物油 石蜡烃	人造C_{15}～C_{20} 酯、醚 PAO，乙缩醛 LAB，LAO，IO，LP 精炼石蜡烃
高含芳烃 FP20～90°F	芳烃15%～25% FP120～180°F	芳烃1%～20% FP150～200°F	芳烃＜1% FP＞200°F	不含芳烃 FP＞200°F

图 2　非水基钻井液配方变化趋势

附录 2：钻井液的功用

图 1 中给出了钻井液循环系统示意图，涵盖地面和井下两部分。钻井液的功用包括：

1. 井控屏障

钻井液被认为是井控的一道主要屏障，避免气体或液体从正在钻进中或已钻穿的地层中以非受控状态涌入井眼。

2. 钻屑清除

钻进中会不断产生钻屑，钻井液必须能够将这些岩屑从井眼中清除出去。钻井液经钻杆内部被泵入井眼，经钻头喷出，将钻屑经环形空间带到地面，地面的固控设备可以将岩屑清除，然后钻井液再重新循环通过井眼。钻井不断进展，这个过程就反复进行。为了高效地将岩屑带出井眼，钻井液就必须有一定的黏度，膨润土和聚合物都可以增黏。

3. 钻屑悬浮

停止循环钻井液时，钻井液内部必须快速形成凝胶强度，足以在合理的时间段内维持岩屑处于悬浮状态。用来提高钻井液黏度的添加剂，例如膨润土和聚合物，在选用时也要考虑它们的胶凝特性。

4. 向钻头传递液压动力

机械钻速（ROP）与从钻头喷射出来的钻井液的液压动力密切相关。通过调整钻井液的配方，可以保证压力降的分布达到最优化，使较大的压力降耗费在钻头处，而不是在循环系统的其他部位，这样可以大幅度提高 ROP。黏度及与钻杆和井壁的摩擦产生的压降会降低钻头和井下钻具组合所能获得的液压动力。这样一来，就需要钻井液具有良好的润滑性，并且在循环状态时的黏度还应较低。

5. 维持地层稳定

取决于钻井液成分和所钻地层，二者之间可能会发生相互作用。水基钻井液对地层的损害较为普遍，因为水会与含盐层及黏土层发生相互作用。新型抑制性水基钻井液配方中含有更多适用的添加剂，比起传统的水基钻井液来，它们对地层的损害要轻得多。由于非水基钻井液（NAF）的抑制性更强，减少了水与地层的接触，NAF 与地层的相互作用会大幅度下降，因而使我们能够用较为简单的钻井液配方，而达到较为上乘的钻井施工业绩。

6. 维持施加在地层上的压力

钻井液的静压头必须足够高，以防止地层流体流入井眼，防止井壁坍塌。在大多数情况下都需要将加重剂加入钻井液来达到所需密度，常用的加重剂是硫酸钡（重晶石），偶尔也使用赤铁矿或钛铁矿。

7. 滤失量控制

在多孔性和高渗透地层中钻进时，可能会发生钻井液漏失。多种不同的材料被用于控制滤失速率，最简单的有粉碎的废纸和秸杆，较为复杂的有混合料，甚至有企业专有的聚合物产品。对于压力控制和减轻地层损害两方面，控制滤失量都是十分重要的。

8. 冷却、润滑钻头与钻具

冷却、润滑钻头与钻具是十分重要的，尤其是在钻深井和大斜度井时更是如此，这是因为在这种情况下温度更高、扭矩更大。可以使用烃类、石墨和固体微珠来改善水基钻井液的润滑性。非水基钻井液本身就具有低摩擦系数。水基与非水基钻井液体系都可以高效地冷却钻头。许多水基钻井液产品在高温下性能会变差，因而在高温下通常使用非水基钻井液。

9. 便于测井

需要对钻井液的特性进行控制，使得测井仪器能够采集到有关井眼与所钻地层的准确数据。

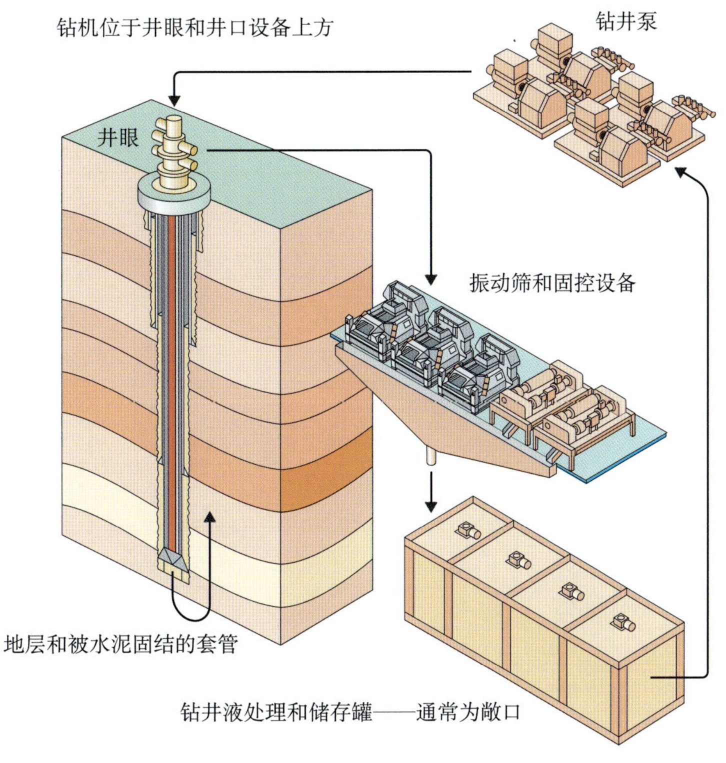

图 1　钻井液循环系统（包括地面和井下）

附录 3：非水基钻井液技术数据

表 1　非水基钻井液材料技术数据

名称	相对密度	闪点 ℃	倾点 ℃	芳烃含量 %	20 ℃时黏度	40 ℃时黏度	苯胺点 ℃	沸点 ℃
ACETAL	0.84	129						
BP 8313	0.781	78	-40	2	2.36	1.67	82	195
BP 83HF	0.79	95	-10	5		2.4	88	220
CLAIRSOL	0.77	104		0	2.5		93	
CLAIRSOL 350M	0.7 ~ 0.81	72	-35	3	1.7 ~ 2.1		76	210 ~ 280
CLAIRSOL 350 MHF	0.818	100	-18	2		2.3	78	215 ~ 305
CLAIRSOL 370	0.79	100	-29	0.6-1.0	3.3	2.4	80	225 ~ 290
CLAIRSOL 400	0.794	98		3.8	3.7	2.5		235
CLAIRSOL 430	0.79 ~ 0.816	100		5	3.7	2.8-3.2	82	225 ~ 355
CLAIRSOL 450	0.815	93		4.4		3.4		225
CLAIRSOL 500	0.814	130		7.7		3.7		274
CLAIRSOL NS	0.82	122	-18	<0.5		3.4	84	261 ~ 293
CLAIRSOL NT	0.76	>90	-6	<0.1		1.8	91	
CLAIRSOL 2000 *	0.767	91	-6			1.8	93	>250
CONDRIL A	0.796	69		4.6	1.88	1.56		176
DF1	0.82	75	-50	0.15	2.4	1.7	73	198 ~ 254
DIESEL	0.865	65	0	60			130	176
DIESEL	0.845	56	-21			3		
DIESEL No.2	0.8	54		45		1.9-3.4		204 ~ 337
DMF 120	0.82	74		3	2.44	1.72	73	185
DMF 120V	0.813	77		2.85	3.86	2.56	82	200
DMF 120 HF	0.8	100	-10	3.9	4.5	2.9	82	200
EDC 95-11	0.814	115	-27	<0.1		3.5	91	250 ~ 335
EDC99DW	0.811	100	-51	<0.01		2.3	80	230 ~ 270
EMO 4000	0.81	103	-30	0.55		2.2	77.4	236
ENERGOL HP0	0.784	66		1		1.7	82	195
ESCAID 110	0.804	70	-20	0.4		1.64	72	192 ~ 245
ESCAID 120	0.818	101	-24	0.9		2.36	78	235 ~ 270
ESCAID 300	0.76	97				2.4		221 ~ 248
EVCO LT4	0.82	130		8		3.8		266
FINA ISO 8267	0.82	60				1.5		
FINALAN	0.81	77		0.7				
HDF 100	0.808	95	-45	5		2.8	83	215
HDF 150	0.808	95	-45			2.7	84	215
HDF 200	0.814	100	-30	6	5	3.2	86	230
HDF 2000	0.803	105	-22	1		3.5	89	230
HDF 2000 PLUS	0.808	>102		<1				
HDF 250	0.815	105	-30			3.3	86	245

表 1 非水基钻井液材料技术数据（续）

名称	相对密度	闪点 ℃	倾点 ℃	芳烃含量 %	20 ℃时黏度	40 ℃时黏度	苯胺点 ℃	沸点 ℃
HDF 300	0.812	125	-20	5		3.6	90	260
HFDMF	0.822	101	-18	2.4		2.99		225
HT40N	0.83	126	-33	<2.2		3.4	79	256
IL 2803	0.81	103	-30	0.55		2.2	77.4	236
IL 2832	0.83	115	-20	3.8	7.5	4.4	81	242
IL 3000	0.815	100	-30	4		2.9		
KL 55	0.86	142		3.9		6.6	78	294
KL 66	0.834	80	-24		5.9	3.5	80	220
Lamium 11	0.805	80	-24	1		2		205
LA 12	0.816	74	-12		5.5	3.3	81	178
LAB	0.86	126			4			
LAO	0.78	113			2.28			
LVT200	0.814	94	-46	0.5		2.1	78	216
LVTS2	0.808	93	-60	3		1.56		179
MDF300	0.81	>93	<-4	<0.1		3		
MOSSPAR H	0.8	90	-30			<7		220 ~ 380
PAO	0.8	160						
PETROFREE	0.86	179	-30	0	6		0	
PUREDRIL HT-30	0.81	95	-18	<0.9		2.9	95	
PUREDRIL IA-35	0.835	120	-57			3.5	90	
PUREDRIL IA-35LV	0.816	96	-63	<0.1		2.64	82	
RAD 564	0.77	85		0.05		1.69	80	
RAD 569	0.82	80	-21	3	3.1	2.1	75	220
RAD 569M	0.805	59	-21	6	2.9	2	77.5	175
SARALINE 185	0.783	>85	3		2.6			175 ~ 360
SARALINE 200	0.783	>95	<8		3.7	<0.05		200 ~ 360
SARAPAR 103	0.73	75	-18		1.6			
SARAPAR 147	0.76	120	<9		2.5			225 ~ 300
SASOL		80	-8	0.1		<3		
SAFRASOL D80	0.787	81		0.1			78	207
SHELLSOL D70	0.79	72	-30		2.1	1.5	75	194
SIP 1	0.825	102	-35	0.3		2.3	80	230 ~ 310
SIP 2\0	0.7605	92	-7	<0.1		1.76	88	>211
SIP 4\0	0.8275	132	-57	0		3.8	92	>249
SIPDRIL 4.0	0.82	104	-51	<0.01		2.7	84	230 ~ 310
SURDYNE B140	0.796	95	-30		2.7	2.1	78	220 ~ 275
SURDYNE B200		114	-6		3.1	2.1		245 ~ 290
TSD 2832	0.83	109		4.1		4.6	87	242
XP-07	0.767	91	-6			1.8	93	>250

表 2　常用非水基钻井液基液的物理化学特性

基液名称	柴油	Total HDF–200	Total DF–1	Total EDC 95/11	Total EDC99DW	Carless XP–07	Carless Clairsol NS	SIP 1	SIP 2/0	SIP 4/0	Escaid 110	Escaid 120	Escaid 300
OGP 分类	I	II	III	III	III	III	III	III	III	III	III	III	III
味道	特征味		轻微	无味	闷人	中度	中度						
15 ℃时相对密度	0.845	0.812	0.82	0.814	0.811	0.761	0.827	0.825	0.7605	0.8275	0.804	0.818	0.76
40 ℃时运动黏度，cSt	3.0	3.2	1.7	3.5	2.3	1.7	3.2	2.3	1.76	3.8	1.64	2.36	2.4
闪点，℃	56	93	75	115	100	92	122	102	92	132	70	101	97
倾点，℃	-21	-30	-50	-27	-51	-9	-18	-35	-7	-57	-20	-24	
沸程，℃		230~325	198~254	250~335	230~270	215~255	261~293	220~310	211~235	243~352	192~245	235~270	221~248
芳烃含量（质量分数），%	20	<1	0.15	<0.1	<0.01	<0.1	<0.5	0.3	<0.1	0.00	0.4	0.9	
硫含量（质量分数），10^{-6}		3120		0	0			<5	<1				
皮肤刺激性—OECD 404 试验			无刺激	无刺激	无刺激	中度刺激	中度刺激	无刺激	无刺激	无刺激			
20 ℃时蒸气压，Pa			13	0.3	2.7	4.8	0.25	<100			17.7	1.5	
60 ℃时蒸气压，Pa	1650 (50 ℃)	284 (50 ℃)	214900	10.3	59.3	105.5	12.2		478				
80 ℃时蒸气压，Pa	3330 (75 ℃)	685 (75 ℃)	689200	42.3	205200	359	55		1620				
100 ℃时蒸气压，Pa	10600	3804	1885100	145600	631100	1110	285		4200				

附录 4：非水基钻井液添加剂的特性

表 1　非水基钻井液添加剂的物理特性

主要功能	产品类型	是否必需	危险性分级	有害成分	操作注意事项与推荐的 PPE
加重剂	重晶石，钛铁矿，赤铁矿，碳酸钙	在绝大多数情况下，只需要重晶石	未分级，只有尘埃危险	可能含有 SiO_2，对呼吸有害。对皮肤和眼睛有机械刺激性	佩戴合适的防尘面罩或带有与尘埃粒径相匹配的滤芯的呼吸器。佩戴护目镜以保护眼睛免受机械刺激。佩戴手套以保护皮肤免受机械刺激
非水基液（OGP Ⅲ类）	线型石蜡烃，合成烷烃，精炼矿物油，链烯烃	必需，用量占钻井液总体积的 50% ~ 95%	有害。如果咽下可能会损害肺脏；长时间或反复接触可能会造成皮肤干燥	如果 40 ℃ 下的运动黏度小于 7cSt，就有吸入风险。烃类可能造成皮肤干燥	佩戴护目镜以保护眼睛免受烃类形成的雾及溅落的伤害。佩戴有机蒸气面罩／呼吸器，避免吸入烃类雾／蒸气。佩戴防油手套、工靴和油布雨衣，以避免皮肤长时间与之接触。配备有效的通风系统十分重要
主乳化剂（通用型）	溶于携带液（载体）中的亲水性、亲油性化合物——肥皂、胺、咪唑啉、脂肪酸衍生物	必不可少	如果吸入或咽下可能会伤害皮肤和眼睛。对皮肤和眼睛有刺激。取决于黏度不同而可能有吸入风险	表面活性剂脂肪酸／胺的衍生物，妥尔油反应产品。烃类携带液。细节问题请参阅 MSDS	佩戴护目镜以保护眼睛免受溅落伤害。如果空气被严重污染，应佩戴有机蒸气面罩／呼吸器。佩戴防化学／防油手套、油布雨衣和围裙，避免长时间皮肤接触
助乳化剂（通用型）	溶于携带液（载体）中的末端带有正电荷的亲水性化合物——聚酰胺、肥皂、胺、咪唑啉、脂肪酸衍生物	取决于基液类型	对皮肤和眼睛有刺激。取决于黏度不同而可能有吸入风险	表面活性剂脂肪酸／胺的衍生物，妥尔油反应产品。烃类携带液。细节问题请参阅 MSDS	佩戴护目镜以保护眼睛免受溅落伤害。如果空气被严重污染，应佩戴有机蒸气面罩／呼吸器。佩戴防化学／防油手套、油布雨衣和围裙，避免长时间皮肤接触
润湿剂	亲水性化合物——主要有磺酸、氨基化合物、聚酰胺	取决于基液类型	通常对皮肤和眼睛有刺激	表面活性剂脂肪酸衍生物。可能有烃类携带液。细节问题请参阅 MSDS	佩戴护目镜以保护眼睛免受溅落伤害。如果空气被严重污染，应佩戴有机蒸气面罩／呼吸器。佩戴防化学／防油手套、油布雨衣和围裙，避免长时间皮肤接触
提黏剂	有机土（处理后的蒙脱石、凹凸棒石或锂蒙脱石），合成聚合物——经过胺处理	必需，通常用蒙脱石	未分级，取决于具体成分，可能有尘埃危险和 SiO_2 危险	可能含有 SiO_2，取决于具体材料成分，可能对呼吸有害。对皮肤／眼睛有机械刺激性	佩戴合适的防尘面罩或带有与尘埃粒径相匹配的滤芯的呼吸器。佩戴护目镜以保护眼睛免受机械刺激。佩戴手套以保护皮肤免受机械刺激

表 1　非水基钻井液添加剂的物理特性（续）

主要功能	产品类型	是否必需	危险性分级	有害成分	操作注意事项与推荐的 PPE
流变性调节剂	亲油性化合物或聚合物，通常是液态的脂肪酸或粉末状丙烯酸共聚物	偶尔使用，因为这类产品环保性较差	液态产品未分级，固态产品只有尘埃危险	脂肪酸衍生物可能带有烃类携带液。细节问题请参阅 MSDS	佩戴护目镜以保护眼睛免受溅落伤害。如果空气被严重污染，应佩戴有机蒸气面罩／呼吸器。佩戴防化学／防油手套、油布雨衣和围裙，避免长时间皮肤接触
盐水相	主要是在淡水中加入氯化钙；本表 1 中列出了替代产品及其危险性分级	95% 以上的 NAF 配方中都要使用氯化钙	对眼睛和皮肤有刺激，长时间接触可能会造成严重的皮肤感染	氯化钙和其他盐类或多或少都有些刺激性。细节问题请参阅 MSDS；也见附录 6 中的表 2	佩戴护目镜及全遮掩面罩以防溅落伤害，保护皮肤／眼睛免受刺激。穿戴防化学／非渗透性手套、工靴和工服，以避免长时间接触
降滤失剂	沥青、褐煤、地沥青	不一定需要，取决于钻井液类型和作业目的	未分级，只有尘埃危险	取决于材料种类，可能含有 SiO_2。细节问题请参阅 MSDS	佩戴合适的防尘面罩或带有与尘埃粒径相匹配的滤芯的呼吸器。佩戴护目镜以保护眼睛免受机械刺激。佩戴手套以保护皮肤免受机械刺激
石灰	石灰（氢氧化钙）	必需，尤其是用来增强乳化剂的活性	是一种严重的眼睛刺激物，可能会造成永久伤害。对皮肤有刺激性，如果皮肤潮湿可能会造成灼伤	氢氧化钙可以和水汽反应，长时间接触会有极强的刺激性／腐蚀性	佩戴合适的防尘面罩或带有与尘埃粒径相匹配的滤芯的呼吸器。佩戴护目镜／面罩以保护皮肤／眼睛免受刺激。穿戴防化学手套、工靴和工服，以保护皮肤免受刺激，避免长时间接触
降黏剂	液态产品可能含有脂肪酸。粉状产品可能含有褐煤、木质素磺酸盐和丹宁	极少使用	液态产品可能对眼睛和皮肤有刺激。粉状产品有尘埃危险	液态产品可能带有烃类携带液。取决于材料种类，尘埃中可能含有 SiO_2。请参阅 MSDS	佩戴护目镜以保护眼睛免受溅落伤害。如果空气被严重污染，应佩戴有机蒸气面罩／呼吸器。佩戴防化学／防油手套、油布雨衣和围裙，避免长时间皮肤接触
润滑剂	酯油、沥青、石墨，分别属于不同危险性级别	很少使用，但人们常常认为是必需的	粉状产品可能有尘埃危险。酯油的危险性级别与非水基液相同	粉状产品可能含有 SiO_2	粉状产品同加重剂。酯油同非水基液
堵漏材料	$CaCO_3$、石墨、核桃壳、云母、其他各种固体封堵性材料、化学交联段塞（有时用树脂类）	仅在需要时加入。近来 NAF 防漏措施，是在循环钻井液体系中维持一定量 $CaCO_3$ 和石墨	未分级，只有尘埃危险	取决于材料种类，可能含有 SiO_2。请参阅 MSDS	佩戴合适的防尘面罩或带有与尘埃粒径相匹配的滤芯的呼吸器。佩戴护目镜以保护眼睛免受机械刺激。佩戴手套以保护皮肤免受机械刺激

附录 5：非水基液技术性能参数定义

1. 蒸气压

如果将一种物质存放在一个抽空的、密闭的容器内，该物质的一小部分会蒸发。当液体与其蒸气处于动平衡状态时，即单位时间内蒸发的分子数等于返回液相的分子数时，蒸气所产生的压力就是该液体物质的蒸气压。液体上方空间内的压力会持续增大，直到稳定在某一个常数值，这个值就称为蒸气压。给出蒸气压时必须指明温度，其原因是随着温度上升，分子会获得更多的能量用于汽化，因而蒸气压随温度上升而增大。不盛放在密闭容器内的液体仍然会有蒸气压；这些液体最终会完全蒸发或汽化掉（转变为气体）。

在选择非水基液时，蒸气压是一个十分重要的参数，这是因为蒸气压表明在不同的作业温度和出口温度下，可能释放到工作环境中的碳氢化合物的量。随着温度上升，蒸气压也会增大。如果蒸气为可燃物，遇到火源就会发生火灾或爆炸，电器设备、照明灯、甚至静电都有可能充当火源。其他一些材料可能释放出足够量的蒸气，超过职业性接触上限（呼吸）。钻井中建议使用具有低蒸气压的非水基钻井液，以便在工作环境中减少与可能有害物质的接触，并降低爆炸风险。

2. 沸点

某种液体的沸点是其蒸气压等于环境气压时的温度。在给定温度下液体的蒸气压越高，该液体的常规沸点（即在一大气压下的沸点）就越低。

沸点与蒸气压具有如上所述的同等程度的重要性。

3. 闪点

可燃性液体的闪点是该液体的蒸气能与空气形成易燃混合物的最低温度。在该温度下如果除去火源，蒸气会停止燃烧。闪点与火源的温度和燃烧中的液体的温度无关，后两者都要高得多。闪点经常用来描述液体燃料的特征，但也用于表征不打算用作燃料的液体。闪点是一个经验测定值，而不是一个基础物理参数。测定所用仪器和程序不同，测得的值也会发生变化。一些标准中对测定仪器和程序都有规定，例如 DIN 51758、ASTM 93 和 ISO 1523 ∶ 2002（闪点测定：闭杯平衡法）。

在选择非水基液时用闪点来表征其安全性，一些法律法规中可能对基液的闪点做了规定，例如有关散装液体的海洋、公路和铁路运输法规。钻井中建议使用具有高闪点的非水基钻井液，以降低形成爆炸性混合物的风险。

4. 密度

密度是单位体积的质量，即物体的质量与其体积的比率。在有些情况下也用相对密度代替密度，某物质的相对密度就是该物质的密度与标准物质（通常是水）的密度的比值（是一个无量纲数）。

用来配制 NAF 钻井液的非水基液的可压缩性远大于水。非水基液的密度随压力上升而增高，也随温度上升而降低，在井下条件下这两种作用相互削弱，但并不是势均力敌。所以一种流体的井下当量密度与地面测得的密度并不相等。

5. 运动黏度

黏度是流体抵抗因剪切或拉伸应力而发生变形的阻力，通常被认为是“稠度”或流动阻力。黏度反映流体对流动的阻力，可以被认为是流体摩擦力的量度。这样，水较“稀”，黏度较低；而植物油较“稠”，黏度较高。运动黏度是考虑重力影响后的流动阻力。

非水基液的黏度直接影响钻井液的塑性黏度（PV）；塑性黏度是钻井液在无限大剪切速率下的理论黏度，作业中总是要求 PV 在可行范围内尽可能地低。非水基液的黏度与温度有关，随温度上升而降低。应当注意的是黏度很低的流体（4℃下的运动黏度低于 7cSt）入口后可能会被吸收，但在非水基钻井液的作业中发生入口的可能性并不高。

6. 倾点

液体的倾点是该液体在给定条件下开始流动的最低温度，它是流体能够泵送的最低温度的粗略表征。

高倾点的基液在低温下的黏度可能过高，使这种基液在某些地理区域无法使用。

附录 6：水基与非水基钻井液常用添加剂举例

表 1 水基（WBM）与非水基（NAF）钻井液常用添加剂	
添加剂	主要功能
配浆基液	
淡水	WBM — 用作外相；用来稀释钻井液。NAF — 用作内相
海水	WBM — 用作外相；用来稀释钻井液
盐水（见“盐类”）	WBM — 用作外相；用来稀释钻井液；稳定地层。NAF — 用作内相
饱和盐水	WBM — 用作外相；稳定地层
渗透平衡 — 盐类	
$CaCl_2$	WBM — 用作外相；井眼控制；稳定地层。NAF — 用作内相
KCl	WBM — 用作外相；稳定地层
$ZnBr_2/CaBr_2$	WBM — 用作外相；通常用来配制完井液
甲酸盐	WBM — 钻井、完井作业中都可用于外相
提高密度	
重晶石（硫酸钡）	WBM 和 NAF — 流体密度控制
碳酸钙	WBM 和 NAF — 流体密度控制；用作桥堵剂
碳酸铁	WBM 和 NAF — 流体密度控制
赤铁矿	WBM 和 NAF — 流体密度控制
钛铁矿	WBM 和 NAF — 流体密度控制
提高黏度	
膨润土（或其他黏土）	WBM — 提高黏度；控制滤失
有机土	NAF — 经酰胺改性过的黏土，用于提高黏度
生物聚合物	WBM — 提高黏度；净化井眼；降低摩阻
羧甲基纤维素	WBM — 提高黏度；净化井眼
聚阴离子纤维素	WBM — 提高黏度；稳定页岩；净化井眼；控制滤失
胍胶（多糖）	WBM — 提高黏度
合成聚合物	WBM — 常用来在高温下提高黏度。NAF — 提高黏度
分散剂	
改性聚丙烯酸盐	WBM — 控制页岩；控制滤失
木质素磺酸盐	WBM — 固相分散剂；在一定程度上控制页岩
丹宁	WBM — 固相分散剂
降低滤失	
合成聚合物	WBM — 常用来在高温下提高黏度。NAF — 提高黏度
羧甲基纤维素	WBM — 提高黏度；净化井眼
聚阴离子纤维素	WBM — 提高黏度；稳定页岩；净化井眼；控制滤失
淀粉	WBM — 控制滤失
膨润土	WBM — 控制滤失，但在很大程度上依赖于分散剂
改性褐煤	WBM 和 NAF — 控制滤失
沥青	WBM 和 NAF — 控制滤失；在一定程度上改善润滑性

表 1　水基（WBM）与非水基（NAF）钻井液常用添加剂（续）

添加剂	主要功能
树脂	WBM — 控制滤失；在一定程度上稳定页岩
天然沥青	WBM 和 NAF — 控制滤失；在一定程度上改善润滑性
抑制页岩	
盐类（KCl）	WBM — 用作外相；控制和稳定页岩
乙二醇（聚乙二醇）	WBM — 控制页岩
硅酸盐	WBM — 控制页岩
石膏	WBM — 控制页岩；封堵地层裂缝
聚丙烯酰胺（部分水解）	WBM — 控制页岩；改善泥饼；稳定地层
改性 PAC 等	WBM — 控制页岩；改善泥饼；稳定地层
控制 pH	
NaOH/KOH	WBM — 较少使用 NaOH，这是因为它有挥发性和危险性
$Ca(OH)_2$	WBM — 用于特殊目的
柠檬酸	WBM — 用来降低碱度（pH）
$NaHCO_3$	WBM — 用来降低碱度（pH）；抑制钙离子浓度
其他	
杀菌剂	WBM — 控制或防止细菌繁殖
润滑剂	WBM 和 NAF — 改善金属 / 金属或金属 / 地层接触面的润滑性
堵漏材料	WBM 和 NAF — 供选择使用的封堵性产品，仅在必要时使用
聚合物稳定剂	WBM — 在极高温度、盐和特定化学剂浓度、以及细菌较严重时用来稳定聚合物
防腐剂（除氧剂、成膜剂）	WBM — 在许多情况下用于特殊目的

表 2　盐水的种类和特性

盐水种类	盐分子式	最高密度（lb/gal）	危险性分级
海水		8.6	未分级
氯化钾	KCl	9.5	未分级
氯化钠	NaCl	10.0	未分级
甲酸钠	NaCOOH	10.8	未分级
氯化钙	$CaCl_2$	11.3	刺激眼睛
甲酸钾	KCOOH	13.1	未分级
溴化钠	NaBr	12.5	未分级
溴化钙	$CaBr_2$	14.2	未分级
溴化锌	$ZnBr_2$	19.2	有腐蚀性
甲酸铯	CsCOOH	19.2	有害 / 有刺激性

附录 7：颗粒尺寸对呼吸系统的影响

能够被吸入的物质包括气体、蒸气和气溶胶，气溶胶是一些微小颗粒，可能有气体或蒸气吸附在其表面上或溶解在其内部。这些物质可以定义如下：

- 气体：在标准温度与压力下通常以气态存在的物质。
- 蒸气：在标准温度与压力下通常以液态存在的物质，因蒸发而产生的气体。
- 气溶胶：不同粒径的颗粒在空气中形成的悬浮体。
- 尘埃：由机械研磨或固体材料的破碎而产生，其粒径范围为 0.1 ～ 100μm（微米）。
- 烟雾：由挥发性物质燃烧、升华或凝结而产生，其粒径通常小于 0.1μm。但随着这种气溶胶老化，烟雾有可能发生聚结而形成较大的颗粒。
- 烟尘：固体颗粒的悬浮体，是由有机物的不完全燃烧形成的；颗粒尺寸通常小于 0.5μm，不容易沉降。
- 雾：悬浮在空气中的液体凝结物或小液滴，可以生成气溶胶。

颗粒的尺寸将决定该颗粒在呼吸道的什么位置沉积。较大的颗粒（>10μm）通常会沉积在上呼吸道，而较小的颗粒（<10μm）通常会沉积在下呼吸道，如支气管和肺泡中。

小于 10μm 的颗粒可以到达肺泡中，被称为可吸入颗粒物。

表 1　颗粒物在呼吸道中的沉积

空气动力学直径 μm	表现特性
>100	不可能被吸入
100~30	处于该尺寸范围低端的颗粒可以被吸入，但一般不可能被身体吸收，除非颗粒的可溶性极强
30~10	会渗入呼吸道的支气管部分，但能够被逐渐清理出来。由于颗粒在支气管中的停留时间较长，部分颗粒有可能会被身体的其余部位吸收，除非颗粒的可溶性极弱
10~1	处于该尺寸范围内的颗粒可以被带到肺泡中
<1	大部分小于 1μm 的颗粒都会保持悬浮在空气中，因而能够被呼出体外

附录 8：有关钻井液成分健康危害的详细信息

本附录中给出了钻井液中通用性化学材料的有关信息；对于特定商标名称的产品，必须参阅制造商的相关数据。

表 1 水基钻井液成分的健康危害

成分	对人类健康的危害
配浆基液	
原油	原油是从地下开采出来的处于原始状态的石油，主要含有脂肪族、脂环族和芳香族碳氢化合物。也可能含有少量的氮、氧、硫化合物。 原油的急性毒性很低，皮肤和入口 LC50 值均高于 2000 mg/kg。吸入毒性也很低。轻质原油可能会造成呼吸伤害，也可能会引起中枢神经系统抑制。反复接触后，有些轻质原油可能造成皮肤干燥或开裂。现有的数据表明原油不是一种敏化剂，但这些数据表明原油有致癌作用
柴油（粗柴油）	粗柴油含有直链和支链烷烃（石蜡烃）、环烷烃、芳香烃、以及分子链上既有饱和环、也有苯环的烃（环烷芳香烃）。大多数市售粗柴油含有多环芳香化合物（PAC），在直馏轻柴油组分中这些主要是 2 环和 3 环化合物，而 4 环～ 6 环化合物的浓度相对较低。常减压蒸馏或裂解所获得的粗柴油组分中很可能含有较高浓度的 4 环～ 6 环芳香烃，已知一些多环芳香烃具有致癌作用。 皮肤与柴油接触后会丢失其中所含的脂肪；反复或长时间接触可以导致皮肤干燥、开裂、感染和皮炎。过量接触且个人卫生习惯较差可能会导致油脂性粉刺和毛囊炎。如果反复或长时间与皮肤接触、且个人卫生习惯较差，就可能引发皮肤癌，这是与使用柴油有关的严重潜在健康危害之一。对人类来说尚未有流行病学证据存在，但用小鼠进行的实验表明，在其皮肤上涂抹轻柴油和粗柴油可以引发皮肤癌，而与多环芳烃的含量无关，这是因为柴油对皮肤有（慢性）刺激作用。柴油类产品含有裂解组分，3 环～ 7 环的多环芳烃含量较高，因而具有遗传毒性，其致癌作用也可能高得多。柴油燃料可能含有 10%（质量分数）或更高的多环芳烃
精炼矿物油	精炼矿物油的急性毒性很低，也没有刺激性。现有数据表明精炼矿物油没有诱变性、致癌性或生殖毒性
合成石蜡烃	合成石蜡烃的急性毒性很低。数据表明合成石蜡烃没有刺激性。基于其化学成分推断，合成石蜡烃不会有诱变性、致癌性或生殖毒性
线型 α 烯烃	筛选试验表明，α 烯烃在入口、皮肤接触和吸入方面急性毒性都很低。α 烯烃对兔子的皮肤和眼睛有轻微的刺激性。对大鼠反复施加 α 烯烃（其分子链长度不同），表明对雌性大鼠的毒性都很低，但对雄性大鼠的肾脏有伤害，这很可能是与 α 2u- 球蛋白有关。基于筛选试验，α 烯烃未表现出神经毒性，对生殖和胎儿发育也没有不良影响，也没有遗传毒性。以上这些试验均表明对人类健康的潜在危害很低
内烯烃	内烯烃分子链长度为 C_6 ～ C_{24}。α 烯烃（线型）和内烯烃（线型和支链）在入口、吸入和皮肤接触方面急性毒性都很低。对大鼠反复施加烯烃，包括吸入（C_6α）、皮肤接触（C_{12} ～ C_{16}）、和入口（C_6α 和线型／支链内烯烃；C_8 和 C_{14}α；C_{16}、C_{18} 和 C_{20} ～ C_{24} 线型／支链内烯烃）表明对大鼠的毒性都很低。在反复施加烯烃实验研究中，还进行了神经毒性筛选试验，结果表明内烯烃没有神经毒性。用大鼠进行的生殖／发育毒性筛选试验表明内烯烃没有生殖或发育毒性。其他证据也都表明 α 烯烃和内烯烃没有遗传毒性。没有对 α 烯烃或内烯烃进行致癌性试验；但从其分子结构来看对人类不可能有致癌作用。这些材料对眼睛没有刺激性，也不是皮肤敏化剂，但长时间与皮肤接触（连续数小时）有可能引发皮肤感染。大部分证据都表明分子链长度为 C_6 ～ C_{24} 的 α 烯烃和内烯烃对哺乳动物的毒性不相上下，均很低，且毒性状况不受双键位置改变的影响，也不受引入支链的影响
聚 α 烯烃	聚 α 烯烃的急性毒性很低，对眼睛和皮肤也都没有刺激性
酯	数据表明 C_8 ～ C_{16} 脂肪酸 2- 乙基己醇酯的入口急性毒性很低。在用兔子进行的急性皮肤刺激试验中，观察到了轻微的皮肤感染。这种酯化合物基本上对眼睛也没有刺激性。 微细胞核试验表明这种酯没有遗传毒性。用大鼠进行的反复入口试验研究表明这种酯直到 1000mg/g 剂量都没有毒性

表1　水基钻井液成分的健康危害（续）	
成分	**对人类健康的危害**
水	
淡水	通常认为淡水对人类的健康没有危害
海水	吸入或皮肤接触海水对人类的健康有轻度潜在危害
盐水（见盐类）	见附录6中表2及以下内容（渗透平衡 — 盐类）
渗透平衡 — 盐类	
氯化钙 ($CaCl_2$)	氯化钙的急性入口和皮肤接触毒性较低。其急性入口毒性归因于其原始物质的强刺激性，或是其在胃肠道中的强溶解性。但对人类来说，急性入口中毒很少见，这是因为一次入口量太大时会诱发恶心和呕吐。刺激性／腐蚀性研究表明，氯化钙对皮肤没有或只有轻微的刺激作用，但对兔子的眼睛刺激性很强。长时间在皮肤上涂抹潮湿的氯化钙或其浓溶液，会造成较为严重的皮肤感染。已经观察到了如下实例：人类皮肤上有伤口，又意外接触了氯化钙或其高浓溶液，结果就造成了感染。使用大鼠进行的有限的实验数据表明，以每天1000~2000 mg/ kg体重的剂量反复喂养大鼠，连续喂养12个月，对大鼠的健康并未产生不良影响。钙和氯都是人类必需的营养元素，健康专家建议每天摄入钙离子和氯离子各1000 mg以上。在细菌变异试验和哺乳动物染色体畸变试验中，氯化钙的遗传毒性均呈现阴性。尚未见到生殖毒性研究方面的报道。以每天最高剂量达下列数值进行的发育毒性研究结果也呈现阴性：189 mg/kg（小鼠）；176 mg/kg（大鼠）；169 mg/kg（兔子）。[数据来源：SIDS. *Screening Information Data Set for High Production Volume Chemicals*. (2005)]
氯化钾 (KCl)	氯化钾是人体的必需成分，在以下几方面都有重要作用：细胞内渗透压和缓冲作用、细胞渗透率、酸碱平衡、肌肉收缩、神经功能等。对哺乳动物来说KCl的急性入口毒性较低。对人类来说，急性入口中毒很少见，这是因为一次入口量太大时会诱发恶心和呕吐，而且在此之前如果肾脏未受过伤害，可以将KCl很快排泄出去。反复接触氯化钾时毒性也较低。在一项实验研究中，让自愿者的皮肤接触KCl水溶液，所观察到的产生皮肤感染的门限浓度为60%，但对有伤口的皮肤来说门限浓度为5%。在细菌试验中未观察到基因突变，无论有没有代谢活性。然而，在使用培育中的哺乳动物细胞进行的一系列遗传毒性筛选试验中，高浓度的KCl结果呈现阳性。KCl在细胞培育中的作用似乎是一种间接影响，与浓度和渗透压的上升有关。在一项为期长达两年的研究项目中，每天在大鼠的食物中添加最高达1820 mg/kg的KCl，未观察到致癌作用。在胎儿发育研究中，每天让小鼠和大鼠分别食入最高达235 mg/kg和310 mg/kg的KCl，均未发现对胎儿有什么影响。有报道称，人类每天食入大约31 mg/kg剂量的KCl后引起了胃肠道感染。针对碳酸钾采矿业的矿工进行的一项流行病学研究表明，对研究中所涉及的几种疾病，包括肺癌，矿工都没有易患病倾向。[数据来源：SIDS. *Screening Information Data Set for High Production Volume Chemicals*. (2004)]
氯化钠 (NaCl)	氯化钠是人体正常发挥功能的必需成分，对于神经传导、肌肉收缩、细胞外液的渗透平衡、以及其他营养物质的吸收来说都是很重要的。每千克体重摄入500~1000 mg氯化钠可能会造成急性中毒，但发生率很低。其症状包括呕吐、胃肠道溃疡、肌肉无力及肾脏伤害，结果会导致脱水、代谢性酸中毒、并对外周神经和中枢神经造成严重影响。长期食用过量的氯化钠（>6g/d）会引发高血压，并增大形成肾结石和出现心室肥大的风险。在啮齿动物孕期试验中，极高剂量的氯化钠造成了肌肉与骨骼异常、胎儿中毒和死亡、着床后死亡和流产。已经证实氯化钠会对实验动物诱发胃肿瘤，对那些传统饮食中含有高浓度氯化钠的人群，氯化钠的摄入量与胃癌的发生率有关。[Expert Group on Vitamins and Minerals (2003), www.food.gov.uk/science/ouradvisors/vitandmin/evmpapers]

表 1　水基钻井液成分的健康危害（续）	
成分	对人类健康的危害
溴化锌（$ZnBr_2$）	吸入溴化锌可造成严重的黏膜和上呼吸道刺激，症状可能包括灼热感、咳嗽、气喘、喉炎、呼吸短促、头痛、恶心和呕吐。高浓度溴化锌还可能伤及肺。溴化锌入口可能会造成口腔、喉咙和胃严重灼伤，引发喉咙疼、呕吐和腹泄。大部分入口的溴化锌通常能够被及时呕吐出来，但摄入量也可能足以对中枢神经系统、眼睛和大脑造成不良影响。症状可能包括皮疹、视力模糊（或其他眼睛问题）、昏睡、易怒、头晕、躁狂、幻觉和昏迷。 可以严重刺激皮肤，表现为皮肤发红、疼和痒。可以造成灼伤，尤其是皮肤上有水分或潮湿时。 可以造成眼睛感染和灼伤，损害视力。 以任何途径反复或长时间接触溴化锌都可能会引起皮疹（溴疹）。反复摄入少量的溴化锌可能会引起中枢神经抑制，包括机能降低、共济失调、精神疾病、失去记忆、易怒和头痛
溴化钙（$CaBr_2$）	溴化钙盐水是溴化钙和氯化钙的混合高浓度水溶液，在石油工业中广泛应用。这种溶液及其成分被认为是造成皮肤伤害的原因，安全使用与操作的有关信息可以从制造商处获取。报道显示有两人因裸露的皮肤接触该溶液而受到伤害，另一人因接触氯化钙粉末而受到伤害。这些持久性皮肤伤害都有如下特征：没有疼痛、受伤害的症状延迟出现。而且因为需要进行皮肤移植，使得痊愈过程复杂而缓慢。虽然有机溴化合物被认为是皮肤伤害的原因之一，但在医学文献中未见到关于接触氯化钙或溴化钙之后，对人类产生继发性有机溴伤害的报道。关于这些受害者情况已有介绍。［Saeed *et al*, Burns；23 (7–8)[32]. 1997. 634–637］
溴化钠（NaBr）	溴化钠的急性入口毒性很低，对眼睛有轻度到中度刺激性。反复或长时间与皮肤接触可能会造成感染和表皮灼伤。现有数据表明溴化钠可能有致畸作用（造成动作异常）
甲酸钠（NaCOOH）	甲酸钠的急性入口毒性很低（对大鼠：LD_{50}>3000mg/kg）。数据表明甲酸钠对眼睛有轻度刺激性。根据从甲酸铯所得试验结果进行推论，甲酸钠对皮肤也有轻度刺激性，但它不应该是皮肤敏化剂。在饮用水中加入1% 甲酸钠，让大鼠饮用大约 18 个月后，也未产生不良影响。甲酸钠对试管中的或活的有机体也没有遗传毒性。根据从甲酸钙所得试验结果进行推论，甲酸钠不应该有生殖毒性和致癌作用
甲酸钾（KCOOH）	甲酸钾的急性入口毒性很低（对小鼠：LD_{50}=5500mg/kg）。数据表明甲酸钾对眼睛有轻度刺激性。根据从甲酸铯所得试验结果进行推论，甲酸钾对皮肤也有轻度刺激性，但它不应该是皮肤敏化剂。尚未有反复入口毒性试验数据；但在饮用水中加入 0.5%、1% 甲酸钾，让大鼠饮用 2 ~ 27 周后，其代谢物蚁酸未对大鼠产生不良影响。根据从甲酸钙所得试验结果进行推论，甲酸钾不应该有生殖毒性和致癌作用
甲酸铯（CsCOOH）	摄入甲酸铯的水溶液（83%）后对动物有危害（对大鼠：LD_{50}=1780mg/kg），临床症状包括：机能降低、痉挛、呼吸窘迫、共济失调、流涎症。甲酸铯的一水合物对大鼠具有低的皮肤毒性（LD_{50}>2000mg/kg），其症状为在接触点出现红斑。其水溶液（83%）对皮肤也有轻度刺激性，对眼睛有中度刺激性。在 Buehler 试验中，甲酸铯的水溶液（80% 质量体积分数）对豚鼠来说不具有皮肤敏化作用。尚未有反复入口毒性试验数据；但在饮用水中加入 0.5%、1% 甲酸铯，让大鼠饮用 2 ~ 27 周后，其代谢物蚁酸未对大鼠产生不良影响。铯离子也没有明显的慢性毒性。在不同的试管分析中，也没有发现甲酸铯有诱变作用。［National Industrial Chemicals Notification and Assessment Scheme (NICNAS), Australia, 2001］

表 1　水基钻井液成分的健康危害（续）

成分	对人类健康的危害
密度（加重剂）	
重晶石（硫酸钡）	在动物实验研究中，让大鼠摄入一种钡的可溶性盐（氯化钡），结果表明吸收的钡离子会随着血液传播，主要沉积在骨骼中。通过食入或呼吸而摄入的钡，排出体外的主要途径是通过粪便。进入呼吸道中的硫酸钡随后在粪便中出现，这表明呼吸系统中的黏膜纤毛可将其从肺脏中清理出来，然后被吸收。人类摄入较多的可溶性钡化合物可能会引发肠胃炎（呕吐、腹泄、腹痛）、低钾血症、高血压、心率失常和骨骼肌麻痹。不可溶的硫酸钡经常作为放射性对比介质，入口剂量很大（450g），尚未见到不良反应报道。目前还没有关于硫酸钡的实验数据；然而，由于通过肠胃和皮肤吸收的硫酸钡的量都十分有限，不大可能发生任何系统性的、明显的不良反应。在动物实验中钡的不同化合物的急性入口毒性表现为从轻度到中度。硝酸钡对兔子造成了中度的皮肤刺激和严重的眼睛刺激。尽管硫酸钡被广泛使用，但未见对人类的眼睛和皮肤产生刺激的报道，这就表明经常用作对比介质的硫酸钡不可能是一种强刺激物。在长期性实验室研究中，让动物接触钡，结果并未证实在人类身上和短期食入高剂量钡的动物中所出现的血压、心脏和骨骼肌问题。人类摄入不可溶的钡后，进行放射性检查时发现了钡尘肺，但并没有肺功能改变和病理学方面的证据。在动物研究中向其呼吸道内灌入硫酸钡，结果表明其肺中有炎症反应，且有肉芽瘤形成；对于暴露于大量的任何低溶解度尘埃中的情况，这点是在预料之中的，可以导致肺的清理状况改变，随后对肺造成不良影响。现有的数据表明钡对生殖和发育过程似乎没有影响。在国家毒理学计划中的标准啮齿目动物生物鉴定试验中，钡未显示出致癌作用。试管数据表明钡化合物没有诱变危险性。接触钡和钡化合物后，人体中毒的关键性最终结果，似乎是高血压和肾功能影响。对人类来说钡的未见不良反应剂量（NOAEL）是每天 0.21mg/kg 体重。 (www.inchem.org/documents/cicads/cicads/cicad33.htm, Concise International Chemical Assessment Document 33, Barium and barium compounds.)
碳酸钙	急性毒性可能包括皮肤、眼睛和黏膜感染。用大鼠所做的入口试验，得到 LD_{50} 的值为 6450mg/kg，可见碳酸钙的入口急性毒性很低。尚未有足够的证据表明碳酸钙会诱发肿瘤或有遗传毒性，也未见到对生殖的影响。在大鼠和／或小鼠实验中，在饮食中加入高剂量的碳酸钙对母体有毒性，导致胎儿体重减小、骨骼和牙齿钙化延迟。如果使用的碳酸钙不纯，可能含有 3% ~ 20% 的石英，就可能有患硅肺病的风险。文献报道中尚未见到使用碳酸钙的工人受到什么不良健康影响。高的入口剂量未对实验室动物造成毒性。 (Health Council of The Netherlands, 2003, calcium carbonate.)
碳酸铁	有关铁化合物的大多数数据，都是由硫酸铁推论获得的。硫酸铁具有低到中度急性毒性，LD_{50}（大鼠）的值为 319 ~ 1480 mg/kg。由于硫酸铁被用于医治人类的贫血症，因此也有一些关于对人类影响的数据，表明对人类来说 LD_{50} 的值在 40 ~ 1600 mg/kg 范围内。致命剂量与胃的伤害有关。刺激性数据较缺乏，现有的数据表明硫酸铁对皮肤和眼睛有刺激性，但硫酸铁不是敏化剂。硫酸铁的遗传毒性数据尚有歧义，但总体来说这些数据表明硫酸铁没有遗传毒性。硫酸铁不会有致癌作用，也没有生殖毒性。在一项研究中，在小牛的饲料中加入最高达 4000 $\times 10^{-6}$（质量分数）的碳酸铁，结果表明小牛并未受到影响。小牛对碳酸铁的耐受性高于硫酸铁
赤铁矿	有关赤铁矿（Fe_2O_3）的数据很少，急性入口试验所得 LD_{50} 值大于 10g/kg。与眼睛接触后可能出现机械性刺激（尘埃）。在为数较多的矿工中进行的致癌作用研究表明，在赤铁矿开采过程中轻度接触氡子体和石英粉尘，与肺癌的发生率无关
钛铁矿	没有关于钛铁矿（即氧化铁钛）的毒性数据，预测钛铁矿的毒性很低。在搬运、使用等正常作业中可能会意外摄入钛铁矿粉尘，这种情况下尚未有什么已知危害。咽下大量钛铁矿可能会因为磨蚀作用而刺激消化系统。钛铁矿粉尘可能对眼睛造成机械刺激。钛铁矿粉尘一般被认为是讨厌的东西，吸入较高浓度时可能会有刺激性，引起的症状包括咳嗽和打喷嚏

表 1　水基钻井液成分的健康危害（续）

成分	对人类健康的危害
四氧化锰	四氧化锰（Mn_3O_4）的急性毒性很低，不会刺激皮肤，也不是敏化剂。Mn_3O_4 粉尘可能会对眼睛造成机械性刺激。在一项研究中让猴子和大鼠暴露在粒径为 11.6 μm、112.5 μm、1152 μm 的气溶胶中，每天 24 h，持续 9 个月，并未出现对肺功能、四肢颤动、肌动电流等方面的不良影响。 已有几例关于锰的毒性的报告，都是因为接触了锰元素的烟雾／蒸气或吸入了软锰矿（MnO_2）所致。长期（数年）吸入氧化锰可能会引起慢性锰陶醉，进而会影响中枢神经系统，存在导致残废的风险。MnO_2 的健康风险（文献中有相当多的介绍）可能不同于 MnO，Mn_2O_3，Mn_3O_4。在这些化合物中 Mn 的氧化状态的差别可能会影响其生物可利用度以及传播，因而其潜在的危害也不尽相同
黏度	
膨润土 （其他黏土）	决定膨润土和其他黏土毒性的重要参数之一是其石英（SiO_2）含量，暴露在石英粉尘环境中会引起硅肺病和肺癌。有报道称统计表明暴露在石英环境中后慢性支气管炎和肺气肿的发病率和死亡率均大幅度上升。 在啮齿动物的气管内注入低石英含量的膨润土和蒙脱石产生了细胞毒性影响，影响程度与剂量和粒径有关，同时还造成了短暂局部发炎，其症状包括水肿及由此而带来的肺重量增大。大鼠通过气管吸入膨润土 3 ~ 12 个月后，其肺中出现了病灶；吸入的膨润土石英含量较高时，还观察到了肺纤维化。膨润土增大了小鼠感染肺病的敏感性。有关膨润土的致癌作用尚缺乏足够的研究。长期职业性接触膨润土尘埃对肺的结构和功能都可能造成伤害。然而，现有的数据还不足以最终定量确立剂量——影响程度之间的关系，甚至不足以确立定性的因果关系，这是由于接触持续时间和强度方面的信息很有限，而且存在扰乱因素，例如接触石英和抽烟。[*Environmental Health Criteria*, Vol. 231 (2005) 159 p.]
有机土（蒙脱石、凹凸棒石、锂蒙皂石）	总的来说，有机土的急性毒性很低；有些有机土被用于化妆品中。锂蒙皂石的实验数据表明这种黏土的急性毒性和反复接触毒性都很低。这种黏土对皮肤和眼睛都没有刺激性，也不是皮肤敏化剂，但其尘埃可能会对眼睛造成机械性刺激。数据表明锂蒙皂石没有遗传毒性；尚没有生殖毒性和致癌性方面的数据。有关特定材料的数据请见 MSDS
生物聚合物	所用的生物聚合物通常都是低毒性化合物，有些生物聚合物还被用作食品添加剂。有关特定材料的数据请见 MSDS
羧甲基纤维素	羧甲基纤维素毒性很低，被批准用作食品添加剂。[*WHO Food Additives Series*, Vol. 42 (1999) pp 175–9]
聚阴离子纤维素	纤维素类通常都是低毒性化合物，有些纤维素化合物还被用作食品添加剂。有关特定材料的数据请见 MSDS。[*WHO Food Additives Series*, Vol. 40 (1998) pp 55–78；and *WHO Food Additives Series* Vol. 42 (1999) pp 175–9]
胍胶（多糖）	胍胶是低毒性化合物，常被用作食品添加剂。有报道称反复吸入胍胶尘埃后出现了过敏性鼻炎。[Lagier et al., 1990, *J. Allergy Clin Immun*, 85(4) p. 785–790；Kanerva et al., 1988, Clin Allergy, 18(3) p245–252]
乳化剂	
皂类	见表 2。有几种乳化剂可能会刺激皮肤和／或眼睛，吸入或咽下后也可能有害。有关特定材料的数据请见 MSDS
胺类	见表 2。有几种乳化剂可能会刺激皮肤和／或眼睛，吸入或咽下后也可能有害。有关特定材料的数据请见 MSDS
咪唑啉类	见表 2。有几种乳化剂可能会刺激皮肤和／或眼睛，吸入或咽下后也可能有害。有关特定材料的数据请见 MSDS
聚酰胺类	见表 2。有几种乳化剂可能会刺激皮肤和／或眼睛，吸入或咽下后也可能有害。有关特定材料的数据请见 MSDS

表 1 水基钻井液成分的健康危害（续）

成分	对人类健康的危害
分散剂	
改性聚丙烯酸盐	改性聚丙烯酸盐是几种聚丙烯酸盐的通用名词，每一种都有其特定的毒理学性质。有关特定材料的数据请见 MSDS
木素磺酸盐	木素磺酸盐是一系列结构复杂的聚合物，分子量范围很宽，是由树木制得的。木材主要由三种成分构成：纤维素、半纤维素和木质素。在用亚硫酸盐使木材变为纸浆的过程中，木质素被磺化而变为水溶性，这样就可将其从非水溶性的纤维素中分离出来。US EPA（美国环保署）研究了几种木素磺酸盐的现有毒性数据，结果表明木素磺酸盐的毒性非常低｛www.epa.gov [Federal Register: February 16, 2005 (Volume 70, Number 31)]｝。急性入口试验所得 LD_{50} 值均大于 2 g/kg。反复喂养研究表明，未见不良反应剂量（NOAEL）和最低不良反应剂量（LOAEL）均在每天克／公斤体重的数量级。有数据（未经证实）表明在大鼠交配前、交配期和交配后喂食木素磺酸盐，剂量高达每天 1,500 mg/kg，未对生殖或幼崽造成不良影响。但在剂量为每天 500 mg/kg 时，母体的淋巴腺出现了病理变化。尚未发现木素磺酸盐有诱变作用或致癌作用。基于木素磺酸盐的物理／化学性质，尤其是其高分子量，它不大可能通过任何接触途径而被身体吸收。接触木素磺酸盐后人们担心的唯一健康影响是皮肤、眼睛和呼吸系统感染。有一些接触木素磺酸盐后引起感染的报道［Andersson et al., 1980；Contact Dermatitis 6(5): 354–355］。木素磺酸盐的毒性程度取决于其种类和分子量大小。有关特定材料的数据请见 MSDS
丹宁	丹宁是从植物中提取的多酚类物质，由于丹宁普遍存在于食品中，因而已成为诸多毒性研究的对象。总的来说，丹宁的急性毒性很低。食品中的丹宁对健康既有有利影响，也有不良影响［Chung *et al*., 1998 *Crit Rev Food Sci Nutr* 38(6): 421–64］。IARC（国际癌症研究署）评价了丹宁酸和丹宁，得出结论：虽然对动物进行皮下注射后丹宁具有致癌作用，但对人类来说尚没有流行病学证据来评价其毒性（IARC *Monographs on the Evaluation of the Carcinogenic Risk of Chemicals to Man: Some Naturally Occurring Substances*, Vol. 10, pages 253–262）。有关特定材料的数据请见 MSDS
滤失量	
合成聚合物	有关特定材料的数据请见 MSDS
羧甲基纤维素	见上页“黏度”部分
聚阴离子纤维素	见上页“黏度”部分
淀粉	淀粉是低毒性化合物，常被用作食品添加剂
膨润土	见上页“黏度”部分
改性褐煤	改性褐煤是由褐煤制得的，其毒性程度取决于改性工艺。有关特定材料的数据请见 MSDS
沥青	沥青（asphalt）在欧洲常称为 bitumen，是一种深棕到黑色的水泥状的半固体、固体或黏稠的液体，是在石油炼制过程中通过原油的不分解蒸馏生产出来的。当沥青被加热时会释放出蒸气，冷却后会重新凝结。这样一来，沥青中较易挥发的组分就会被富集，而这些组分的化学性质和潜在毒性都与原始沥青材料明显不同。沥青本身被认为是低毒性的。沥青烟雾是微小颗粒形成的云团，是由沥青挥发之后的气态物质重新凝结产生的。接触沥青烟雾后引发的症状主要包括眼睛、鼻子、喉咙刺激以及咳嗽。这些影响的严重程度为中等，且持续时间较短。其他症状还有皮肤刺激、搔痒、皮疹、恶心、胃痛、食欲不振、头痛和疲劳，这些症状是由从事铺路、电缆绝缘、日光灯具制造的工人所报告的。吸入和皮肤接触沥青烟雾和蒸气后可能会被人体吸收。已有几例针对沥青烟雾的试管诱变研究项目，但结果尚有歧义。致癌研究中将沥青蒸气的凝结物涂抹在小鼠的皮肤上，结果引发了肿瘤。对 20 项流行病学研究项目的结果进行分析，并未发现与沥青接触的铺路工和养路工中有明显的肺癌风险。根据各种性能规范，沥青烟雾很可能含有致癌物质。 ［*Concise International Chemical Assessment Document* (CICAD) Vol. 59 (2004)］

表 1　水基钻井液成分的健康危害（续）	
成分	对人类健康的危害
树脂	存在几种类型的树脂，既有从天然产物加工而成的，又有人工合成的，其毒性程度各不相同。有些树脂可引发皮肤感染和过敏性皮炎。有关特定材料的数据请见 MSDS
地沥青	地沥青是一种天然沥青，大量存在于美国犹他州的 Uintah 盆地中。在加热或煮沸地沥青时，工人会接触这种材料的尘埃和烟雾。地沥青尘埃可能会引起眼睛的机械性刺激，而其烟雾可能会刺激眼睛和呼吸系统［Fairhall (1950) *Industrial Hygiene Newsletter*, 10(5): 9-10］。 NIOSH 在三个地沥青加工厂和九个采矿场对地沥青的工业卫生特征进行了研究，以期测定工人与地沥青的接触状况，评估其潜在健康影响［Kullman *et al., Am Ind Hyg Assoc J* (1989) 50(8): 413–418］。七个地沥青样品中的六个，其结晶二氧化硅的含量都低于 0.75%（质量分数）；从五个不同地沥青矿脉获得的样品中，均未检测出石棉或其他纤维类物质，任何样品中均未检测出多核芳香烃。由此研究人员得出结论，接触地沥青粉尘的有关数据与早先对地沥青矿工呼吸健康普查所得结果吻合，在该项普查中最确定性的发现就是支气管炎症状过于普遍。 呼吸健康普查［Keimig *et al., Am J Ind Med*. (1987)；11(3): 287–296］表明，在与地沥青接触程度较高的工种中，咳嗽和多痰现象更为普遍，但尚未发现与粉尘相关的肺功能伤害证据
泥页岩抑制	
盐类	见前面“渗透平衡 — 盐类”部分。
乙二醇 （聚乙二醇）	乙二醇、乙二醇醚和聚乙二醇的毒性不尽相同，聚乙二醇通常毒性很低。有关特定材料的数据请见 MSDS
硅酸盐	钻井液中最常用的硅酸盐是硅酸钾和硅酸钠，是由金属阳离子（钾或钠）与二氧化硅结合而生成的无机盐。入口的硅酸钠的作用相当于一种中等强度的碱，很容易通过消化道而被吸收，并通过小便排泄出来。硅酸盐的毒性与 SiO_2/Na_2O 摩尔比及其浓度有关。硅酸钾和硅酸钠具有低到中度急性毒性。给大鼠喂食 464 mg/kg 20% 硅酸钠水溶液，其氧化钠的摩尔比为 2.0 或 2.4 ～ 1.0，未出现中毒迹象；但当剂量为 1000 mg/kg 和 2150 mg/kg 时，产生了气喘、呼吸困难、急性消沉。有一例报告介绍：中和后的硅酸钠造成了人类呕吐、腹泄、肠胃出血。 硅酸钾和硅酸钠的皮肤刺激性变化幅度很大，从可以忽略到十分严重，这取决于试验物种、摩尔比和浓度。在两项急性刺激性研究项目中，硅酸钾对兔子的眼睛没有刺激性，但硅酸钠会强烈地刺激眼睛。有一种皮肤清凉剂（含 10% 的 40% 硅酸钠水溶液），也没有刺激性。在另外三项刺激性研究项目中，硅酸钠分别表现出强烈刺激性、刺激性、和非刺激性。含有 7%、13% 和 6% 的洗涤剂与水等体积混合后，对人类的皮肤完全或几乎没有刺激性，但有时出现颗粒物磨损。含 10% 的 40% 硅酸钠水溶液在人类皮肤过敏试验中反复涂抹，结果仍呈现阴性。在一项累积刺激特性研究中，同样的硅酸钠水溶液被认为在常规使用条件下是温和的。在 elbow crease 研究和半封闭皮肤过敏试验中，硅酸钠产生了低度和短暂性刺激。 用猎兔犬和大鼠进行的反复施加剂量研究中未出现明显的中毒迹象。 在标准的生物鉴定试验中硅酸钠不具有诱变作用。在生殖毒性研究中高剂量的硅酸钠对大鼠的产崽数目有一定的影响，但对母体的生育能力没有影响。[*Int J Toxicol* Vol. 24 Suppl. 1 (2005) pp 103–7]
聚丙烯酰胺 （部分水解）	聚丙烯酰胺的种类很多。有关特定材料的数据请见 MSDS
pH 控制	
氢氧化钠 （NaOH）	氢氧化钠对皮肤和眼睛都有腐蚀性。在持续时间为 4 h 的人类皮肤过敏试验中，氢氧化钠（0.5%）是一种确信无疑的皮肤刺激物。在从事保洁作业的工人和少数使用一种烤箱喷雾清洁剂的人员中，观察到了对鼻子、喉咙和眼睛的刺激。摄入氢氧化钠会出现休克、身体组织感染、肺坏疽、窒息等，从而可能致命。在对接触烧碱尘埃的 265 名工人的跟踪研究中，接触持续时间从不到 1 年至 30 年，未发现与持续时间和强度相关的死亡率上升。(Health Council of The Netherlands, 2000, sodium hydroxide)

表 1　水基钻井液成分的健康危害（续）	
成分	**对人类健康的危害**
氢氧化钾（KOH）	氢氧化钾对皮肤和眼睛都有腐蚀性。摄入氢氧化钾（溶液）后，可能很快就会发生食管和胃的腐蚀和穿孔、食管狭窄、喉咙和上腹部剧烈疼痛、吐血、虚脱。吸入任何形式的氢氧化钾，都会强烈刺激上呼吸道。骤然接触氢氧化钾引起的上呼吸道症状包括剧烈的咳嗽和疼痛。另外，随着黏膜被灼烧，身体伤害还会进一步发展。吸入氢氧化钾可导致痉挛、炎症、喉道和支气管水肿、化学性肺炎、肺水肿（潜伏期为 5 ~ 72 h），从而致命。慢性接触可能引起口腔炎症和溃疡，也可能引起支气管和肠胃不适。有报道称在抗坏血酸生产过程中接触 KOH 的工人中有 10% 出现了过敏性皮炎。至少有一例报道称在氢氧化钾引发的食管狭窄处出现了食道癌。在动物试验中在小鼠的皮肤上反复涂抹 KOH 的水溶液（3% ~ 6%），持续 46 周，结果增大了皮肤肿瘤的发生率。由于肿瘤的形成与导致皮肤增生的严重皮肤伤害有关，所以人们假定其机理与遗传毒性无关。（Health Council of The Netherlands, 2004, potassium hydroxide）
氢氧化钙 [$Ca(OH)_2$] 石灰	骤然接触氢氧化钙可能产生刺激，伴有咳嗽、疼痛且有可能灼伤黏膜，在严重情况下，会发生肺水肿和高血压，脉搏弱而快。固体氢氧化钙对眼睛有腐蚀性，还可能严重伤害皮肤。有很多例报道称，意外接触氢氧化钙后，导致角膜和皮肤碱性灼伤和苛性溃疡。一般说来，这些伤害都是由固体氢氧化钙造成的，而溶液伤害不那么常见或很少见。有报道称摄入碱后出现了严重的疼痛、呕吐（带有血丝和脱落的黏膜）、腹泄和虚脱。 有两个流行病学项目探讨了接触水泥粉尘与胃癌之间的联系，但人们认为数据尚不充分，无法归纳出任何结论，然而长期接触水泥的工人中尚未出现不良影响。对大鼠和小鼠来说报告的入口 LD_{50} 值约为 7300 mg/kg（体重）。目前尚没有足够的重复剂量毒性（包括致癌和生殖毒性）研究工作，也没有遗传毒性／诱变性方面的研究。（Health Council of The Netherlands, 2004, calcium hydroxide）
柠檬酸	根据大量动物实验数据和人类的经验，柠檬酸的急性毒性很低。对大鼠来说重复剂量时未见不良反应剂量（NOAEL）为每天 1200 mg/kg。主要且可逆的（亚）慢性不良影响似乎局限于血液化学的变化和金属的吸收／排泄机理。柠檬酸不应是致癌物，也不会有遗传毒性或致使胎儿畸形。生殖毒性方面对大鼠来说未见不良反应剂量（NOAEL）为每天 2500 mg/kg。进一步说，对试管中的或活的有机体也没有诱变性，观察到的敏化作用也很低。与此形成鲜明对照的是，柠檬酸的主要毒理学危害是刺激呼吸道和皮肤，尤其是眼睛。（*SIDS. Screening Information Data Set for High Production Volume Chemicals*, 2004）
碳酸氢钠（$NaHCO_3$）	碳酸氢钠的急性毒性很低，入口 LD_{50} 值大于 4000 mg/kg（体重）。在一项吸入毒性研究中，让大鼠吸入浓度为 4.74 mg/L 的可吸入尘埃，没有造成大鼠的死亡。碳酸氢钠对兔子的皮肤和眼睛有轻微的刺激性。长期使用和以任何途径接触碳酸氢钠均没有不良影响。在试管细菌试验和哺乳动物细胞试验中均未发现遗传毒性的证据，碳酸氢钠也没有生殖毒性。基于现有的数据未发现碳酸氢钠有致癌作用。碳酸氢钠用于食品中已有悠久的历史，正常接触和使用不会有什么不良影响。骤然食入高剂量的碳酸氢钠可能会导致胃穿孔，这是由于会产生过量的气体。骤然或慢性食入过量的碳酸氢钠还可能导致代谢性碱中毒、苍白病和高钠血症，这种现象都是可逆的，不会留下什么不良影响。（SIDS. *Screening Information Data Set for High Production Volume Chemicals*, 2003）
氧化钙（CaO）生石灰	职业性或意外接触氧化钙，都会严重地刺激和腐蚀黏膜、眼睛和湿润的皮肤，这是因为氧化钙微粒在熟化过程中会释放出热量并使人体组织脱水，且熟化产物（氢氧化钙）为碱性。有报道称大量接触氧化钙后造成了深度灼伤。在开放式表皮试验中氧化钙未表现出敏化作用。氧化钙会严重刺激和灼伤眼睛，还会引起水肿、充血、流泪、视力模糊、角膜不透明、溃疡、穿孔和视力丧失。呼吸道炎症、溃疡、鼻隔膜穿孔和肺炎均曾被归因于吸入氧化钙粉尘。但在石灰厂工作最长达 40 年的许多工人没有因接触石灰而遭受健康危害。（Health Council of The Netherlands, 2006, calcium oxide）

表 1　水基钻井液成分的健康危害（续）	
成分	**对人类健康的危害**
润湿剂	
磺酸	磺酸是一类有机酸，易与蛋白质和碳水化合物结合，与金属离子结合后形成磺酸盐。磺酸的毒性取决于其所属特定类型，可能对皮肤和／或眼睛有刺激性。有关特定材料的数据请见 MSDS
酰胺	酰胺是羧酸和胺反应后形成的，与胺相比较，酰胺是非常弱的碱。酰胺的毒性取决于其所属特定类型，可能对皮肤和／或眼睛有刺激性。有关特定材料的数据请见 MSDS
聚酰胺	有不同类型的聚酰胺，其毒性也各不相同。有关特定材料的数据请见 MSDS
流变性调节剂	
脂肪酸	脂肪酸是脂肪族一元羧酸，既可由天然产物（动植物油酯）改性制得，也可人工合成（原料为原油或石蜡），一般来说毒性很低。有关特定材料的数据请见 MSDS
聚丙烯酸盐	见前面“分散剂”部分
滤失控制	
沥青	见前面“滤失量”部分
褐煤	见前面“滤失量”部分
地沥青	见前面“滤失量”部分
润滑剂	
合成酯类	有关特定材料的数据请见 MSDS
沥青	见前面“滤失量”部分
石墨	对人类来说，吸入石墨碎片后所引起的病理和生理反应与吸入令人讨厌的尘埃类似，只是产生短暂的肺部变化。人员反复接触高浓度的石墨而不采取防护措施，就可能会超过肺的自我清理机能，滞留的颗粒会导致肺部伤害。但这些伤害会随着时间而消失，程度也不太严重。［Driver *et al*. (1993), *Govt Reports Announcements & Index (GRA&I)*, Issue 06, 2094］
其他	
杀菌剂	有关特定材料的数据请见 MSDS
堵漏材料（$CaCO_3$、石墨、胡桃壳、云母）	堵漏材料可能产生常规的粉尘危害，可能引起眼睛和呼吸系统的机械性刺激
重硫酸铵（最高 63% 水溶液）	溶液中的重硫酸铵对眼睛、皮肤和呼吸系统均有刺激性。吸入其粉尘会刺激肠胃或呼吸道，其特征症状是灼伤、打喷嚏和咳嗽
亚硫酸钠（约 50% 水溶液）	经摄取、呼吸或注射进入哺乳动物体内的亚硫酸盐在代谢过程中会被亚硫酸盐氧化酶转化为硫酸盐。亚硫酸钠具有低到中度的急性毒性，对小鼠来说入口 LD_{50} 值为 820 mg/kg。暴露在其气溶胶中可能会刺激上呼吸道。让大鼠暴露在浓度为 5 mg/m³ 的亚硫酸钠气溶胶中，持续三天时间，产生了中度肺水肿；浓度为 15 mg/m³ 时，出现了气管上皮感染。2% ～ 5% 的哮喘病人对亚硫酸盐敏感，亚硫酸钠可能会刺激皮肤和眼睛。有报道称在人类皮肤过敏试验中出现了阳性反应。亚硫酸钠被认为没有生殖毒性；在大鼠实验中，大剂量（最高达 3.3 g/kg）的亚硫酸钠七水合物使胎儿中毒，但没有致畸作用。在遗传毒性研究中亚硫酸钠呈阴性。IARC 断定亚硫酸钠不属于人类致癌物质。［*Int J Toxicol* Vol. 22, Suppl. 2 (2003) p. 63–88］

附录 9：监测方法（补充）

1. 空气监测

采集样品的方法取决于感兴趣的目标物质和取样持续时间。

对空气中的油类蒸气和雾滴取样来说，最常用的工业标准分别是 NIOSH 1550 和 NIOSH 5026；尽管这两种取样方法的流量互不兼容，但完全可能对试验方法进行改进，串联使用木炭试管和玻璃纤维滤网，同时采集油类蒸气和雾滴[3, 7]。滤网上采集到的油类雾滴用傅立叶变换红外光谱（FTIR）分析，而油类蒸气可从木炭试管中分馏出来，用带有火焰离子探头（FID）的气相色谱（GC）分析。虽然有人推荐蒸气和雾滴的定量分析都使用 FTIR 法[7]，但工业上更习惯使用 GC−FID 法测定油类蒸气。这些方法符合 NIOSH 法 1550*（蒸气）5026**（雾滴）。

* www.cdc.gov/niosh/nmam/pdfs/1550.pdf

**www.cdc.gov/niosh/nmam/pdfs/5026.pdf [8]

其他方法包括：

（1）比色检测管：

是方便适用的直读式检测试管。不同试管分别用于特定的气体和蒸气；每种试管充填了一种不同的化学剂。用一台手动泵使含有气体污染物的空气样品通过试管，污染物就会与试管中的化学剂发生反应，产生颜色变化，色斑的长度反映了空气中的污染物浓度。

比色管的优点包括快速读值、使用便利及相对低的成本；缺点包括采样时间短、准确度较低、其他气体和蒸气有干扰。

比色管主要用于相对接触程度的快速评估。有些比色管可以和低排量泵配合使用，以便进行持续时间较长的测定。

（2）被动式和主动式吸附取样器：

被动式和主动式吸附取样器是采样持续时间较长的装置，它可以捕集空气污染物进行实验室分析。通常，试管和被动取样器（一种带图案的玻璃器皿）内充填有活性木炭，随后可用气相色谱分析。对有些污染物来说也使用硅胶等其他吸附剂。

这类取样器的优点包括相对低的试管成本，并且可以测定空气中的多种污染物，常常是同时进行；缺点包括需要花费分析成本，对于主动式取样器来说，还需要一台空气取样泵。

（3）过滤器：

过滤器被用来收集空气中的颗粒物，使用一台取样泵使空气通过过滤器，后者就将待分析物质收集起来。分析手段可能涉及在取样前后称取过滤器的质量，进而确定收集到的物质的质量，或是利用诸多分析方法之一进行实验室分析。

用过滤器取样的优点是可以同时测定空气中的多种颗粒物；缺点包括分析成本较高，还需要一台空气取样泵。

（4）其他方法：

还有其他一些方法可用于特定的空气污染物，包括直读式仪器和吸收法。

2. 皮肤监测

大多数气体和蒸气都不会通过皮肤被吸收，但下列条件可能适用：

- 固体物质溶解后可通过皮肤被吸收。
- 高分子量液体（>500 道尔顿）、且辛醇／水分配系数小于 −1 或大于 4 时，不可能穿过皮肤。
- 接触水、钻井液和有机溶剂后可能会感染接触性皮炎。
- 密闭条件可能增加皮肤吸收量，例如佩戴已遭污染的手套时。

员工的皮肤可能通过下列途径接触到有害化学物质：与被污染的表面直接接触、气溶胶沉降、浸入液体中、或溅落。当大量化学剂被吸收时，可以造成身体组织中毒。

(1) 被动皮肤监测：

被动皮肤监测可用来实际使用条件下评价接触程度和／或手套的性能[9]。皮肤剂量测定不是一个简便的日常测定程序，所以未被作为常规作法而广泛采用[10]。局部剂量器就像一块三明治，中间夹着被动化学吸附剂，保护它不受皮肤排汗的影响。皮肤剂量测定可用来定量测定污染物的剂量，还可以反映污染物沉积密度及身体各部位的接触程度分布。这种方法的主要缺陷之一（并不局限于皮肤剂量器）是难以准确获取挥发性化学剂的沉积量。

(2) 目视检测：

传统上说，皮肤的状况是通过目视检测进行评估的（通常是手部皮肤）。这种方法有重大缺陷，其主观性太强（依赖于检测者的技能），只能识别出皮肤表面发生的已经看得见的损伤。皮肤接触刺激物后所产生的影响，被认为具有可叠加性。可能直至达到一个所谓的“门限”伤害度，才出现可见伤害迹象，而此时皮肤的机能已经被大大削弱，发生接触性皮炎的概率已经相当高了[11]。这种叠加效应通常是皮肤接触许多不同刺激物的结果，可以在相当长的时期（可能多年）内逐渐形成，而在这一时期内并没有可见伤害迹象。

有两种方法可用于皮肤状况监测：测定通过皮肤损失的水量；测定角质层水分含量。

(3) 皮肤失水量：

皮肤失水量（TEWL）是通过皮肤的渗透作用而损失的水分的量，被认为是皮肤屏障特性的一个指标。角质层的充足含水量被认为是健康皮肤的重要条件。许多研究结果都表明反复接触刺激性物质将增大 TEWL，降低皮肤的水分含量。测量这两个参数可以提供有关皮肤总体状况的信息；重复测量就可掌握皮肤状况变好或变坏的趋势[12]。

(4) 皮肤水分含量测定：

将一个探头置于皮肤表面即可简便而快速地进行皮肤水分含量测定，该探头可以产生一个电场，进而测量出皮肤的电容，与纯水的电容相比较，得出一个数值。由于皮肤病方面的研究已经建立了正常皮肤的水分含量范围，那么根据测定结果即可知道该皮肤是正常的、过分干燥或过分潮湿。

在进行测定的同时应对皮肤进行目视检测，并将观测结果与测定结果一起记录。对评估皮肤的整体状况及决定下一步措施来说，诸如外观、清洁程度、指甲状况、切口和擦伤等信息，都是非常重要的。

附录 10：接触钻井液时的健康监测

由于多种钻井液成分都有可能引起皮肤干燥和感染，并且可能伤害呼吸系统，所以皮肤和呼吸健康监测技术都是十分有用的。在一些特定地区，某些健康监测手段是法律所要求的。

1. 皮肤健康监测

皮肤监测的一个简单策略是，在员工开始从事相关工作后，尽快（例如在 6 周之内）为他们建立皮肤状况基线：

- 按照医疗卫生专业人员的建议，定期进行皮肤检测，可以每几个月或每年进行一次。可采用调查问卷和皮肤检验（包括手和前臂，如果小腿部可能被污染，也应包括之）的形式。
- 应由一位有资质的专业人员解释检测结果，确认是否有必要改进风险评估措施。
- 应鼓励在例行检测之间对出现的症状及时报告，并对报告的信息进行分析，确定接触程度的变化趋势。

传统上说，皮肤的状况是通过目视检测进行评估的（通常是手部皮肤）。这种方法有重大缺陷，其主观性太强（依赖于检测者的技能），只能识别出皮肤表面发生的已经看得见的损伤。皮肤接触刺激物后所产生的影响，被认为具有可叠加性。可能直至达到一个所谓的“门限”伤害度，才出现可见伤害迹象，而此时皮肤的机能已经被大大削弱，发生接触性皮炎的概率已经相当高了[11]。这种叠加效应通常是皮肤接触许多不同刺激物的结果，可以在相当长的时期（可能多年）内逐渐形成，而在这一时期内并没有可见伤害迹象。

有两种方法可用于皮肤状况监测：测定通过皮肤损失的水量；测定角质层水分含量。

皮肤失水量（TEWL）是通过皮肤的渗透作用而损失的水分的量，被认为是皮肤屏障特性的一个指标。角质层的充足含水量被认为是健康皮肤的重要条件。许多研究结果都表明反复接触刺激性物质将增大 TEWL，降低皮肤的水分含量。测量这两个参数可以提供有关皮肤总体状况的信息；重复测量就可掌握皮肤状况变好或变坏的趋势[12]。

将一个探头置于皮肤表面即可简便而快速地进行皮肤水分含量测定，该探头可以产生一个电场，进而测量出皮肤的电容，与纯水的电容相比较，得出一个数值。由于皮肤病方面的研究已经建立了正常皮肤的水分含量范围，那么根据测定结果即可知道该皮肤是正常的、过分干燥或过分潮湿。

在进行测定的同时应对皮肤进行目视检测，并将观测结果与测定结果一起记录。对评估皮肤的整体状况及决定下一步措施来说，诸如外观、清洁程度、指甲状况、切口和擦伤等信息，都是非常重要的。

2. 呼吸健康监测

简单的呼吸健康监测就是让员工填写一份呼吸健康调查问卷，设法确定是否因在工作场所接触有害物质而出现了呼吸方面的问题。

也可采用技术性较强的方法，例如肺活量测定，这是一种肺功能测试，可用来评估肺的气体交换容量。该方法可以发现各种隐形的肺伤害，应由医疗从业人员实施。测试中让检测对象向一个管子中吹气，将肺完全排空，从而可得到肺活量。利用这种测试可以初步诊断出职业性哮喘或其他呼吸障碍，尽管可能需要进一步确诊。

附录 11：接触钻井液组分后可能产生的潜在健康危害

接触钻井液组分后的潜在健康危害				
器官	潜在危害	迹象和症状	急救措施举例	医疗措施举例
皮肤	皮炎：急性、慢性	干燥、发红、开裂、发炎、粗糙	•立即用温和的肥皂和清水冲洗感染部位。 •将被污染的衣物从皮肤上移开	•在感染部位外用润肤剂（可以每天两次）。 •避免使用含香水类产品，其中可能含有皮肤敏化剂。 •在医生评估之后，考虑使用皮质甾类药膏（可以每天 2 ~ 4 次）
	毛囊炎		•用温和的肥皂和清水冲洗感染部位。 •热敷	•热敷。 •在医生评估之后，局部使用抗生素，每天 2 ~ 3 次
	油脂性粉刺		•用温和的肥皂和清水冲洗感染部位	•用温和的肥皂和清水冲洗感染部位，每天 1 ~ 2 次。 •避免使用含油酯类产品；使用水基化妆品。 •粉刺的处理方法取决于其严重程度。 •症状较轻时局部涂敷抗菌药物；较重时口服抗菌素
	风疹		•立即用温和的肥皂和清水冲洗感染部位	•在医生评估之后，使用抗组胺剂作为补充处理手段，防止风疹发展和进一步的皮肤感染
	腐蚀、感染、炎症		•立即用温和的肥皂和清水冲洗感染部位。 •将被污染的衣物从皮肤上移开	•局部涂敷类固醇药物几小时后，再使用润肤脂——连续使用数天或数星期，直到炎症消失为止
	皮肤敏化		•立即用肥皂和清水冲洗掉溅落的刺激物或敏化性物质。 •尽可能减少暴露在阳光下的时间。 •避免进一步与污染物接触。 •按处方规定使用抗组胺剂（外用或口服）	•避免进一步与污染物接触，减轻或消除红斑。 •如果难以避免进一步接触，应穿戴手套和防护服。 •在医生评估之后，按处方规定使用抗组胺剂（外用或口服），缓解痒感。 •根据需要使用护肤脂

接触钻井液组分后的潜在健康危害（续）				
器官	潜在危害	迹象和症状	急救措施举例	医疗措施举例
呼吸系统	硅肺病	咳嗽、多痰、喘气、气管发炎、肺功能伤害（可导致心力衰竭）	•使用呼吸剂——支气管扩张剂疏通气管。 •补充液体，避免出现黏稠的分泌物	•对于呼吸困难者，使用药物保持气路畅通，不出现黏液。 •为员工采取预防措施，包括控制工作场所的尘埃量，穿戴合适的 PPE，定期进行胸部透视
	呼吸道感染	咳嗽、多痰、喉咙痛	•氧气治疗。 •补充液体。 •必要时使用支气管扩张剂	•氧气治疗。 •补充液体。 •佩戴面罩／化学过滤器进行预防
	呼吸道敏化	咳嗽、喉咙痛、多痰	•氧气治疗。 •补充液体。 •使用支气管扩张剂	•氧气治疗。 •补充液体。 •使用皮质甾类药物减轻炎症会有所帮助
	职业性哮喘	喘气、呼吸困难、咳嗽、胸闷、打喷嚏、鼻塞、流泪	•氧气治疗。 •使用呼吸剂——支气管扩张剂疏通气管	•氧气治疗。 •使用支气管扩张剂疏通气管（吸入、口服）。 •症状严重时为减轻炎症，短期治疗口服皮质甾类药物，长期治疗口服呼吸剂。 •控制蒸气和粉尘进行预防
	慢性肺病	咳嗽、多痰、用力和运动时气喘、呼吸速率失常、呼吸困难、腿部肿胀、面色苍白、体重下降	•氧气治疗，使用低流量。 •定量使用呼吸剂进行支气管扩张。 •补充液体，减少黏稠的分泌物	•氧气治疗，使用低流量。 •在医生评估之后，定量使用呼吸剂缓解气流阻塞。 •症状严重时使用喷雾剂疗法（以雾滴形式吸入药物）。 •根据医生的要求控制用药剂量，监测病情。 •如果其他药物难以控制症状，使用皮质甾类药物（吸入药物产生的副作用较口服为低）。 •利用肺活量／血氧量测定监测病症。 •充分补充液体，避免出现脱水和黏稠的分泌物。 •使用抗生素避免细菌感染

接触钻井液组分后的潜在健康危害（续）				
器官	潜在危害	迹象和症状	急救措施举例	医疗措施举例
呼吸系统	化学肺炎	突然性气喘、在数分钟或数小时内咳嗽；喉咙痛；可能出现发烧及粉红色、多气泡痰液；可能出现胸腔痛	• 氧气治疗。 • 如果口服液体有困难，静脉输液补充水分	• 氧气治疗。 • 必要时进行机械振动，气管吸痰，清理分泌物。 • 按处方服用抗生素、皮质甾类药物。 • 监测血氧量，进行胸部透视
	流鼻血	血液由鼻子滴流或淌流出来	• 捏紧鼻子 5 ~ 10 min，进行止血。 • 用冰袋冷敷鼻子	• 如果捏紧鼻子仍不能止血，则需要医生进行评估。 • 轻度出血时可能需要用鼻填塞术处理。 • 对于严重和复发的出血，可能需要烧灼出血源。 • 如果是在冬季应采取措施保持空气湿润

Drilling fluids and health risk management

A guide for drilling personnel, managers and health professionals in the oil and gas industry

Contents

Appendices

Introduction

Drilling fluids are used extensively in the upstream oil and gas industry, and are critical to ensuring a safe and productive oil or gas well. During drilling, a large volume of drilling fluid is circulated in an open or semi-enclosed system, at elevated temperatures, with agitation, providing a significant potential for chemical exposure and subsequent health effects. When deciding on the type of drilling fluid system to use, operator well planners need to conduct comprehensive risk assessments of drilling fluid systems, considering health aspects in addition to environmental and safety aspects, and strike an appropriate balance between their potentially conflicting requirements. The results of these risk assessments need to be made available to all employers whose workers may become exposed to the drilling fluid system.

This document provides some general background on drilling fluids and the various categories of base fluids and additives currently in use. It outlines potential health hazards associated with these substances, looks at opportunities for human exposure presented by drilling operations, and introduces risk management methods and monitoring processes aimed at reducing the risk of harmful health effects.

This guidance is evidence-based and aims to define and discuss best practices for reducing exposures and subsequent health effects through a risk-based management process.

The document is designed to be of use to operator and drilling personnel, managers, Health, Safety and Environment managers, drilling fluid specialists, rig-site medical staff, and occupational health and hygiene professionals.

Functions of drilling fluids

Drilling fluids are a key requirement in the vast majority of drilling operations. The main functions performed by drilling fluids are to:

- provide a barrier for well control;
- remove cuttings from the well bore as they are produced;
- maintain drill cuttings in suspension when drilling circulation is stopped;
- transmit hydraulic power to the drilling bit;
- maintain formation stability;
- maintain pressure on the formation;
- control fluid loss through filtration;
- cool and lubricate the drill bit and string; and
- facilitate data logging—drilling fluids characteristics need to be controlled so that logging instruments can accurately provide information about the well and formations being drilled.

Figure 1 Fluids circulating system of a rig and well

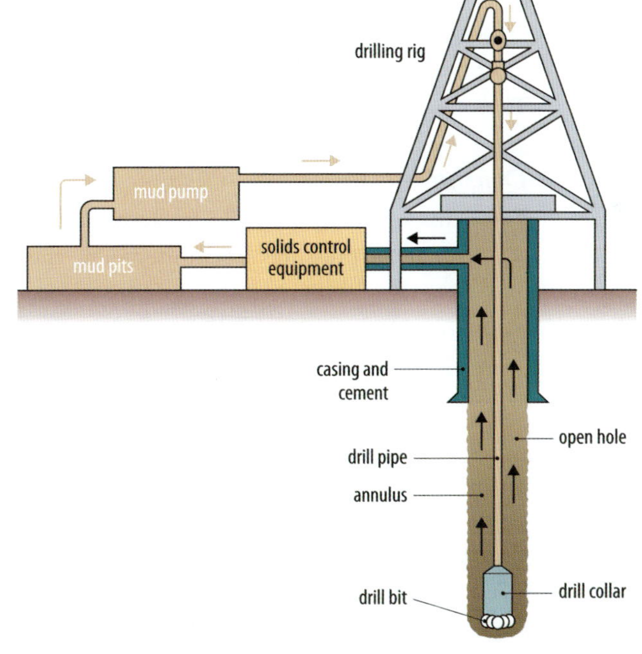

Functions of drilling fluids

Although the most primitive systems used water only, drilling performance was enhanced by using other materials, e.g. clays as filtrate reducers, viscosifying agents and dispersants for rheology control. As drilling became more complex, especially in long sections, with increased temperatures and when drilling more reactive formations, the use of additives has increased rapidly in number and in complexity. By the 1980s, the base fluid for the now complex emulsion had evolved from water to hydrocarbon-based fluids, and the number of chemicals used in the drilling fluids industry numbered in the thousands. For more information on the historical development of water-based and non-aqueous based fluids, reference should be made to Appendix 1.

It is common practice to use both water-based drilling fluids (WBFs) and non-aqueous drilling fluids (NAFs) when drilling various sections of the same well. WBFs are generally used in the upper hole sections of the well, while NAFs tend to be used in the more technically demanding hole sections.

For more detailed information on the functions of drilling fluids, reference should be made to Appendix 2.

General composition of drilling fluids

Drilling fluids have a continuous liquid phase and are modified with various chemical additives, both liquid and solid, to align the performance of the drilling fluid to the drilling conditions. However, all fluid types must possess some common characteristics. These are described below.

Density

The density of the fluid will vary according to the formation pressures encountered in the well bore. It is critical to the stability of the well bore that the formation pressures are correctly balanced with the drilling fluid to prevent the formation fluids from flowing into the well bore, and to prevent pressurized formations from causing a well blowout.

Viscosity

Drilling fluids must be able to suspend drilled cuttings, weighting materials such as barite (barium sulphate) and other chemical additives under a wide range of conditions. The viscosity of the drilling fluid must also be such that the removal of drilled solids at the surface using solids control equipment is possible.

Fluid loss control

Some additives may be required to help establish a strong impermeable filter cake on the well bore to limit the loss of the drilling fluid filtrate to porous formations being drilled. This improves the stability of the well bore and prevents a number of drilling and subsequent production problems.

Shale inhibition

When using a WBF, the addition of shale inhibition chemicals is required to prevent the formation clays from swelling and sticking, which would result in significant drilling problems. NAF drilling fluids do not allow the

formation clays to be exposed to water. These types of fluids are therefore innately inhibitive.

The choice of a WBF or NAF depends on the formation to be drilled and the particular technical requirements needed to drill the well successfully, e.g. temperature, pressure, shale reactivity. In addition, local environmental regulatory requirements and waste disposal considerations may determine which type of drilling fluid system will be used, as well as economic factors.

Many different types of drilling fluid systems are used in drilling operations. Basic drilling fluid systems are often converted to more complex systems as the well deepens and the well bore temperature and/or pressure increases. Several key factors affect the selection of the types of drilling fluid systems for a specific well.

As the technical performance requirements of the fluid increase, there may be a need to add a variety of specific chemicals to ensure acceptable characteristics, for example: lubricity; stuck pipe prevention; bit balling; accretion; shale/clay inhibition; temperature stability; and formation damage prevention. To maintain the integrity of the well bore and fluid it may also be necessary to add other chemicals such as biocides, oxygen scavengers and corrosion inhibitors.

Water-based fluids

More than one WBF system is typically used when drilling the same well because various formulations of fluids are required to be able to accurately meet the technical physiochemical properties required in each section of the well. The fluid composition may also need to be continually modified within each hole section, as shown in Figure 2.

Figure 2 Water-based drilling fluids—composition requirements

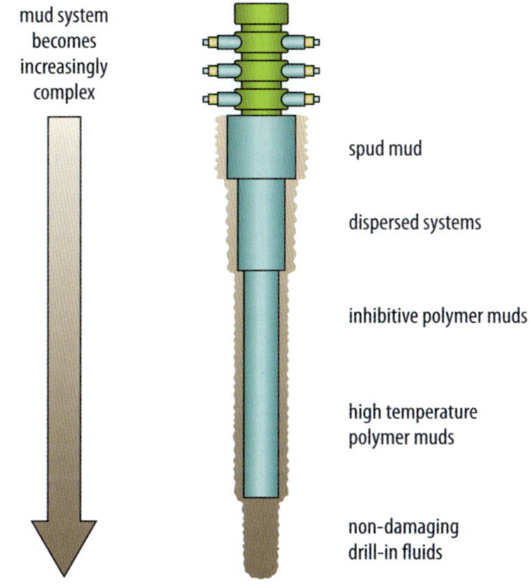

Water-based fluid composition

WBFs have water as the primary phase, which is either freshwater, seawater or brine. A combination of salts may be used to provide specific brine phase properties.

The pie chart in Figure 3 shows the general proportions of the liquid phase and chemical content of the water-based fluid types as a percentage by weight. This information has been averaged for global use from industry sales volumes and fluid types used.

Figure 3 Water-based drilling fluids—chemical components, by weight (%)

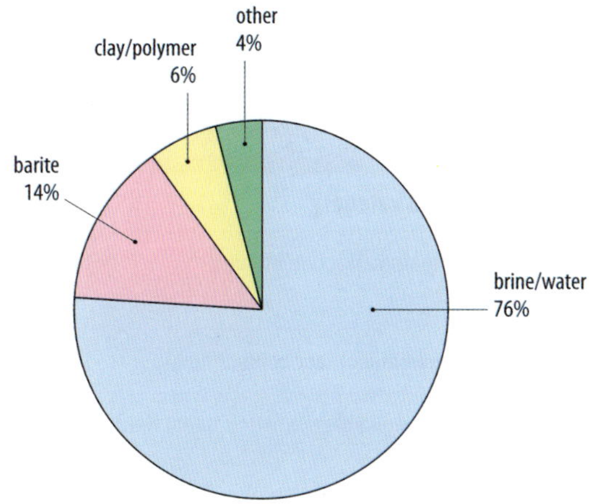

General composition of drilling fluids

Non-aqueous fluids

NAFs can be split into three groups based on their aromatic hydrocarbon content (see Table 1)[1]:

Group I: high-aromatic content fluids. This category includes crude oil, diesel and conventional mineral oils. These fluids are refined from crude oil and contain levels of total aromatics between 5 and 35 per cent.

Group II: medium-aromatic content fluids. This category contains products produced from crude oil with levels of total aromatics between 0.5 and 5 per cent and is often known as 'low toxicity mineral oil'.

Group III: low/negligible-aromatic content fluids. This group includes fluids produced by chemical reactions and highly refined mineral oils which contain levels of total aromatics below 0.5 per cent and polycyclic aromatic hydrocarbon (PAH) levels below 0.001 per cent, according to the OGP definition.

Non-aqueous fluid composition

The pie chart in Figure 4 shows the general proportions of the liquid phase and chemical content of non-aqueous fluid types as a percentage by weight. This information has been averaged for global use from industry sales volumes and fluid types used.

Figure 4 Non-aqueous drilling fluids—chemical components, by weight (%)

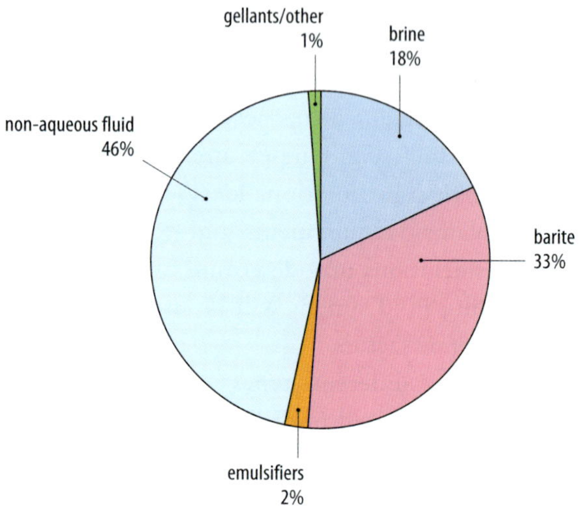

Selection of non-aqueous base fluid

There are a number of different physical properties which need to be assessed in the selection of a NAF base fluid with regard to technical, health, safety and environmental characteristics. Appendix 3 lists the most important physical properties which are commonly considered in the selection process. Two key variables are the vapour pressure and boiling point of the base fluid, especially at elevated temperatures.

Appendix 4 provides generic information on the chemical characteristics of key non-aqueous drilling fluid additive groups, summarizing:

Table 1 Classification of non-aqueous fluids[1]

Non-aqueous category	Components	Aromatic content
Group I: high-aromatic content fluids	Crude oil, diesel oil, and conventional mineral oil	5%~35%
Group II: medium-aromatic content fluids	Low-toxicity mineral oil	0.5%~5%
Group III: low/negligible aromatic content fluids	Ester, LAO, IO, PAO, linear paraffin and highly processed mineral oil	<0.5% and PAH lower than 0.001%

- their functions in the drilling fluid system;
- how commonly the additives are used;
- generic examples of hazard classifications of the product types; and
- the types of products which may have particular hazards, e.g. silicon dioxide (SiO_2) content.

For relevant definitions, reference should be made to Appendix 5.

Additives common to water-based and non-aqueous based fluids

There are a number of chemical products which can be used either in a water-based or a non-aqueous drilling fluid to achieve the necessary technical properties. To give an indication of the range and variability of these types of components, Appendix 6 provides generic information on key products and their basic functions. This table is not exhaustive and is included only to give an indication of the degree of variation and complexity that may be required.

Contamination of drilling fluids

Potentially hazardous substances can arise from the formations being drilled. This is not always predictable. This section introduces some examples of more common contaminants.

Hydrocarbon-based contaminants

As the purpose of drilling a well is to produce hydrocarbons, one known source of hydrocarbon contamination will be from the reservoir formation. Often, however, the formations drilled through to the reservoir also contain hydrocarbons, but not of producible or commercial quantities. These hydrocarbon sources can introduce oil, condensate and gas contamination in a drilling fluid. Gases from formations are primarily composed of methane.

Non-hydrocarbon gases

Formations can contain hydrogen sulphide (H_2S) gases and H_2S-containing water samples. These gases must be closely monitored and treated to eliminate hazardous exposure to personnel. Both H_2S gas and water contaminants in a drilling fluid system must be treated out, as the H_2S can degrade the metal piping and tubulars of the circulating system.

Other gases

Carbon monoxide can be present particularly when coal beds are drilled. This occurrence is, however, extremely rare.

Low specific activity (LSA) radioactive scale contamination

LSA scale contamination of a circulating fluid can occur during scale clean-out operations, or when abandoning production wells. Operators should be conscious of this risk and control exposure as appropriate. Reference should be made to OGP report no. 412, *Guidelines for the Management of Naturally Occurring Radioactive Material (NORM) in the oil & gas industry*[40].

These contaminants are either removed or treated in the drilling fluids used. Therefore, even though there may only be limited exposure from these contaminants, their identification and remediation at the earliest opportunity is important.

Exposure to chemical hazards

The risk of adverse health effects from drilling fluids is determined by the hazardous components of the fluids and by human exposure to those components (Figure 5). This section examines the hazardous components of drilling fluids and additives, and their associated health effects.

Figure 5 The relationship between health hazard, exposure and risk

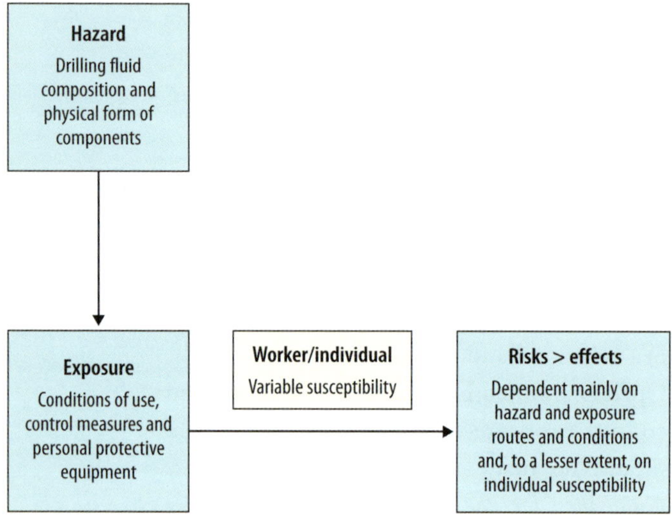

Health effects associated with drilling fluids

The most commonly observed health effects of drilling fluids in humans are skin irritation and contact dermatitis. Less frequently reported effects are headache, nausea, eye irritation and coughing[4]. The effects are caused by the physico-chemical properties of the drilling fluid as well as the inherent properties of drilling fluid additives, and are dependent on the route of exposure (dermal, inhalation, oral and other) as detailed below.

Dermal

When drilling fluids are circulated in an open system with agitation, there is a high likelihood of dermal (skin) exposure. The potential dermal exposure is not limited to the hands and forearms, but extends to all parts of the body. Actual exposure depends on the drilling fluid system and the use of personal protection equipment (PPE).

Irritation and dermatitis

Upon dermal exposure to drilling fluids, the most frequent reported effects are skin irritation and contact dermatitis[14] (see Figure 6). Contact dermatitis is one of the most common chemically-induced occupational illnesses, probably accounting for 10–15 per cent of all occupational illnesses. Symptoms and seriousness of the condition vary and are dependent on the type and length of exposure to drilling fluid and the susceptibility of the individual.

Petroleum hydrocarbons will remove natural fat from the skin, which results in skin drying and cracking. These conditions allow compounds to permeate through the skin leading to skin irritation and dermatitis. Some individuals may be especially susceptible to these effects.

Skin irritation can be associated with petroleum hydrocarbons, specifically with aromatics and C8-C14 paraffins[25]. Petroleum streams containing these compounds, such as

Figure 6 Contact dermatitis after repeated dermal exposure to mineral oil

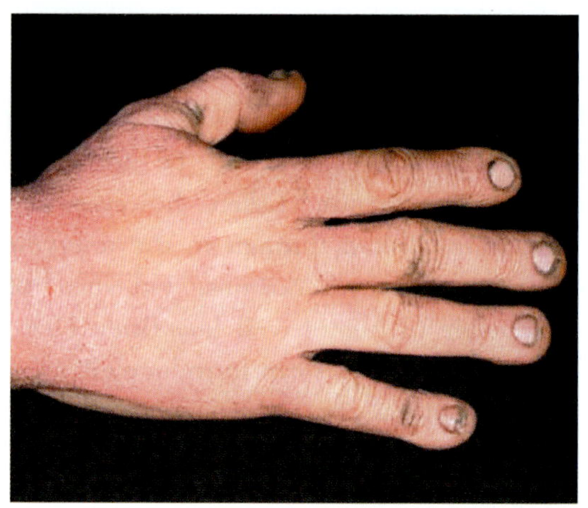

kerosene and diesel (gasoil), are clearly irritating to skin[26]. This is suggested to be caused by the paraffins, which do not readily penetrate the skin but are absorbed into the skin, hereby causing irritation[27]. Linear alpha olefins and esters commonly used in drilling fluids are only slightly irritating to skin, whereas linear internal olefins are not irritating to skin[28,29,30].

In addition to the irritancy of the drilling fluid hydrocarbon constituents, several drilling fluid additives may have irritant, corrosive or sensitizing properties[14,31]. For example calcium chloride has irritant properties and zinc bromide is corrosive[30,32,33] whereas a polyamine emulsifier has been associated with sensitizing properties[13,34]. Although water-based fluids are not based on hydrocarbons, the additives in the fluid may still cause irritation or dermatitis.

Excessive exposure under conditions of poor personal hygiene may lead to oil acne and folliculitis.

Carcinogenicity (dermal exposure)

Olefins, esters and paraffins commonly used in drilling fluids (Group III, negligible-aromatic content fluids) do not contain specific carcinogenic compounds and are not carcinogenic in animal tests. These compounds are not therefore associated with tumour formation upon dermal exposure. However, Group I (high-aromatic content fluids), especially diesel fuel, can contain significant levels of PAH. Diesel fuels that contain cracked components may be genotoxic due to high proportions of 3-7 ring PAH. Although no epidemiological evidence for diesel fuel carcinogenicity in humans exists, skin-painting studies in mice show that long-term dermal exposure to diesel fuels can cause skin tumours, irrespective of the level of PAH. This effect is attributed to chronic irritation of the skin[34]. In humans, chronic irritation may cause small areas of the skin to thicken, eventually forming rough wart-like growths which may become malignant.

Inhalation

Drilling fluids are often circulated in an open system at elevated temperatures with agitation that can result in a combination of vapours, aerosol and/or dust above the mud pit. In the case of water-based fluids the vapours comprise steam and dissolved additives. In the case of non-aqueous drilling fluids the vapours can consist of the low boiling-point fraction of hydrocarbons (paraffins, olefins, naphthenes and aromatics), and the mist contains droplets of the hydrocarbon fraction used. This hydrocarbon fraction may contain additives, sulphur, mono-aromatics and/or polycyclic aromatics. However, knowledge about the detailed composition and size of the aerosol droplets is limited. It should be noted that although the hydrocarbon fraction may contain negligible amounts of known hazardous constituents such as BTEX (see page 26) at low boiling point, these will evaporate at relatively higher rates potentially resulting in higher concentrations in the vapour phase than anticipated. Occupational exposure limits for several compounds may be

Exposure to chemical hazards

specified in occupational health and safety regulations and exposure should not exceed these levels.

Odour

An issue indirectly related to health, but directly related to the working environment is the odour of drilling fluids. Some drilling fluids may have an objectionable odour caused by the main constituents or specific additives. During operations the drilling fluids may be contaminated with crude oil and drilling cuttings, which may change the odorous properties of the drilling fluid. Measurements of headspace[a] volatiles during drilling operations have indicated the presence of, amongst others, dimethyl sulphide and isobutyraldehyde. Both compounds have a pungent odour and may create unpleasant working conditions[5].

Neurotoxicity

Inhalation of high concentrations of hydrocarbons may result in hydrocarbon-induced neurotoxicity, a non-specific effect resulting in headache, nausea, dizziness, fatigue, lack of coordination, problems with attention and memory, gait disturbances and narcosis. These symptoms are of a temporary nature and are only observed at extremely high concentrations[b]. Exposure to high levels of n-hexane may result in peripheral nerve damage, an effect observed after prolonged exposure to high concentrations[16] (repeated dose studies in rats with a light naphtha stream containing up to 5 per cent n-hexane did not show neurotoxic effects[17]).

Pulmonary effects

The most commonly observed symptoms in workers exposed to NAF and aqueous fluid aerosols are cough and phlegm[18,19]. Epidemiological studies of workers exposed to mist and vapour from mineral oils indicated increased prevalence of pulmonary fibrosis[6]. More recent inhalation toxicology studies show that exposures to high concentrations of aerosols from mineral-based oils resulted mainly in concentration-related accumulation in the lung of alveolar macrophages laden with oil droplets[20]. Inflammatory cells were observed with higher aerosol concentrations, consistent with the clinical literature from highly exposed workers. These pulmonary changes appeared to be a non-specific response to the presence of deposited aerosol and are not related to vapour exposure. The results on various petroleum mineral oils support the ACGIH® TLV of 5 mg/m^3 for mineral-oil mist. It should be noted that

[a] The term 'headspace' refers to the vapour phase associated with, and in equilibrium with, a respective substance or blend of substances, liquid and/or solid, under defined conditions.

[b] In animal studies, some aromatics such as trimethylbenzene and xylenes have been associated with specific neurotoxic effects after longer-term exposure to high hydrocarbon concentrations; however epidemiological studies have not shown neurological effects after exposure to petroleum streams containing significant levels of aromatics. In addition, studies in rats exposed to a high-aromatic petroleum stream did not show neurotoxic effects[15].

[c] Inhalation studies with aerosols from an olefin (polybutene) also resulted in elevated numbers of pulmonary macrophages and increased macrophage vacuolization. In addition, high-level (700 mg/m^3) exposure to polybutene was lethal to three of four animals, due to pulmonary oedema[21].

extremely high concentrations of low viscosity hydrocarbon aerosols can either be aspirated, or be deposited in droplets in the lungs, causing chemical pneumonitis potentially resulting in pulmonary oedema, pulmonary fibrosis and, in occasional cases, death[22,23].

In some cases, occupational exposure to drilling fluids is associated with respiratory irritation[2]. It is likely that this is caused by additives in the drilling fluid and/or the physico-chemical properties as water-based drilling fluids have a typical pH of 8.0–10.5[d].

Carcinogenicity (inhalation exposure)

The olefins, esters and paraffins commonly used in drilling fluids (Group III, negligible aromatic content fluids) do not contain specific carcinogenic compounds such as benzene or PAHs[e].

Group II (medium-aromatic content) and especially Group I (high-aromatic content) fluids may contain minimal amounts of benzene.

[d] Studies on sensory irritation during exposures of lab animals to mineral oils indicate possible effects only with very high aerosol concentrations.

[e] Tests in laboratory animals have shown that Group III substances are not genotoxic or carcinogenic through inhalation.

Note that all drilling fluids may be contaminated by crude oil from the reservoir, generating trace contamination with benzene, which is not necessarily expected. Due to the low vapour pressure of benzene, the concentration in the vapour phase may be higher than expected. Benzene exposure at levels well above the current OEL of 0.5 ppm is specifically associated with acute myeloid leukaemia[24]. Current evidence is that exposures are generally well below 0.5 ppm TWA.

Oral

As drilling fluids are not intended for ingestion, oral exposure is unlikely and negligible as compared to the other routes of exposure. Oral exposure however should not be ignored where contaminated hands are used to handle food or to smoke. Good hygiene practices should be followed.

Other routes or combined routes of exposure

A more likely scenario is drilling fluid coming into contact with the eyes. Hydrocarbon compounds of Group I, II and III drilling fluids are not, or are slightly, irritating to the eye. However, specific additives in both aqueous and non-aqueous drilling fluids may be irritating or corrosive to eyes.

On occasions, if drilling fluid or base fluid is under high pressure, fluid may be injected through the skin. As drilling fluids are generally of low systemic toxicity, the main effect expected is skin irritation.

Reprotoxicity

Compounds associated with reprotoxicity are n-hexane[f] and toluene[g]. These compounds may be present in small quantities in Group II drilling fluids and in larger quantities in Group I fluids. However, a study involving

[f] Limited evidence in animals for affecting fertility.

[g] Limited evidence in animals for causing developmental toxicity.

Exposure to chemical hazards

1,269 men employed as offshore mechanics, offshore operators and offshore drilling personnel showed that paternal exposure to hydrocarbons in the occupations studied did not seem to have had a major influence on time to conception or the incidence of spontaneous abortion among the wives of the men exposed to oil products[35]. The olefins, esters and paraffins commonly used in drilling fluids (Group III, negligible-aromatic content fluids) do not affect fertility nor cause developmental toxicity in animals.

Particle size as an influencing factor

Particle size is a critical influencing factor when it comes to health effects. Particle size can influence aerodynamic behaviour resulting in varying degrees of penetration and differing areas of deposition within the respiratory system. Reference should be made to Appendix 7 for further information.

Potential exposure to drilling fluids

Workers may be exposed to drilling fluids either by inhaling aerosols and vapours or by skin contact. The preparation and use of drilling fluid systems may generate airborne contaminants, dust, mist and vapour in the workplace. The potential for inhalation of dust is mainly in association with mixing operations. The highest potential for inhaling mist and vapour exists along the flow line from the bell nipple to the solids-control equipment, which can include the shale shakers, desanders, desilters, centrifuges and the fluid pits. However, the shakers themselves are often washed with high-pressure guns using a hydrocarbon-based fluid as the washing medium. This operation generates mist in the immediate working environment.

High hydrocarbon mist and vapour exposure levels have been reported in shale shaker rooms, particularly when cleaning and changing screens on the shale shakers. This generates both respiratory and skin exposure potential. Under circumstances where the removal of aerosols and vapour have relied on open atmospheric ventilation, personal

exposure to total hydrocarbon compounds has been reported to be up to 450 mg/m^3 for some momentary tasks at the shale shakers when drilling with non-aqueous drilling fluids[2]. On a drilling installation with a higher level of enclosure of the drilling fluid systems, reported exposures were significantly lower[3].

Several factors such as drilling fluid temperature, flow rate, well depth, well section and the kinematic viscosity of the NAF might be expected to influence the exposure levels in the working atmosphere, but the relative contributions of these factors have not yet been published. Little is known about the impact from geological hydrocarbon-bearing formations on the composition of hydrocarbon mist produced in the fluid processing areas. While it has been suggested that droplets are generated by both the vibrating screens of the shale shakers and condensation of vapour, no studies have been performed to support these theories[4,5].

Exposure will be a function of duration and frequency. When the temperature of the circulated drilling fluid rises, vaporization of the light components will occur and vapour is generated. (Some mineral base oils can evaporate at a rate of 1 per cent by volume per 10-hour period at 70°C.) When the hydrocarbon vapour is cooled down it will condense to mist. There is limited knowledge regarding the resultant particle size but it is estimated to be less than 1 micron. In addition, the shale shakers will mechanically generate mist that will contain both light and heavier fractions of the drilling fluid components and this effect increases with temperature.

Headspace measurement shows that the gas phase over fluid quantity will increase with temperature. For example, a diesel base fluid will produce 100 parts per million (ppm) at 20°C and 1,000 ppm at 80°C.

Controlling the amount of vapour in the workplace is important. There is a common belief that most vapours in the working areas come from the non-aqueous base fluid, because the base fluid is the largest constituent, generally in excess of 50 per cent by volume. Studies have shown this belief to be erroneous[3]. The total hydrocarbon vapour from non-aqueous drilling fluids also includes vapour contributions from drilling fluid additives which can be highly volatile and possibly from hydrocarbon-bearing formations which have been drilled with the fluid. When formulating a suitable drilling fluid therefore, it is important to minimize hazardous components in the formulations. Generally it is the lighter hydrocarbon components that are most hazardous to personnel. The traditional approach to minimizing the concentration of organic vapour in the atmosphere has involved improving the characteristics of the NAFs. However, field studies have shown that reducing the vapour concentration in the headspace above a pure base oil from 100 ppm to 10 ppm does not necessarily lead to the same percentage reduction of vapour being issued from the drilling fluid into the working environment[3]. Knowledge of exposure is important in evaluating the health risk for exposed workers.

Exposure scenarios and influencing factors

This section provides an overview of likely exposure types and durations associated with tasks encountered in a typical drilling operation, as well as influencing factors. Reference should also be made to Appendix 8.

One of the most influential factors in personal exposure is the duration of exposure. The duration of exposure can be significantly increased by the contamination of inappropriate protective equipment, which may actually prolong contact with contaminants, particularly for dermal exposure, e.g. fabric gloves soaked in hydrocarbon or impermeable gloves contaminated on the inside.

Shaker house

High hydrocarbon mist and vapour exposure levels have been reported in shale shaker rooms. Workers may be exposed to drilling fluids either by inhaling aerosols and vapours or by skin contact. Main exposure opportunities are:

- washing with high-pressure guns using a hydrocarbon-based fluid;
- cleaning and changing screens; and
- checking the shaker screens for wear.

Several factors can be identified that might be expected to influence the exposure levels in the working atmosphere: drilling fluid temperature; flow rate; well depth; well section; and the kinematic viscosity of the NAF.

Mixing hopper

The mixing hopper also provides an opportunity for exposure to chemicals and products as this is the point at which powdered products or liquid additives are introduced to the operation through a conical shaped device. Typically the narrow bottom section of the cone has a fluids circulating pipe passing through it. A choke provides a jetting action within the pipe which draws the materials added into the fluid being circulated.

The products and the associated additives are usually handled manually at the hopper. This can give rise to dust or splashing. Both of these conditions are potentially hazardous. More modern facilities enable powdered products to be handled mechanically even to the point of removing and disposing of the packaging. Liquid additives can be pumped into the hopper instead of manually poured.

The handling of powdered sacked products and liquid products from drums or cans, and the mixing of bulk powders such as barite, can cause exposure. Primarily this will be inhalation exposure as there may be dust associated with the movement of products in the storage area or with mixing products into the hopper. However, skin contact can also occur, particularly with powdered materials.

Alternatively, products and additives can be handled in bulk form from pre-loaded containers and added to the drilling fluid system from a remotely operated control zone, minimizing exposure at the rig site.

Fluids pit system

Personnel working over or around the fluids pit system can be exposed to high humidity resulting from the very warm drilling fluid forming condensate on contact with the cooler

atmosphere. Persons in this area are generally required to perform less complicated tasks but on a regular basis (every 15 minutes or so) with the potential for inhalation and skin contact.

Sack store

The handling of powdered sacked products, of liquid products from drums or cans and the mixing of bulk powders such as barite can cause exposure both by skin contact and by inhalation.

Drill floor

Contact with drilling fluids as well as lubricants, pipe dope, hydraulic oils, etc. by personnel on the drill floor is predominantly dermal contact which can be prolonged and repetitive due to the manual nature of the work involved. Contact may be through manual handling of unclean equipment surfaces, sprays, and spills from cleaning operations and high pressure washing.

Deck operations

Exposure can occur through contact with contaminated surfaces, spilled materials, handling of drilling fluid contaminated wastes, e.g. cutting containment and/or transportation systems.

Laboratory

During drilling, the drilling fluid is tested or checked by the mud engineer many times each day. This process requires sampling from a pit or flow line and using various forms of testing equipment to gain the necessary information about the fluid for analysis and remedial treatment purposes. One testing unit operates at high temperature to boil off the fluid fractions—oil and water. This test creates gases which can be uncomfortable to a person in the non-vented vicinity. Some regulations require the use of fume hoods and extract ventilation systems in the fluids testing laboratory.

More recent projects concern the development of drilling fluids testing apparatus. The benefit of this development will be that it removes personal contact with the respective fluids systems when testing for the fluids' characteristics. Potential exposure when testing is more likely to be by skin contact than by inhalation.

Due to the very limited quantities of drilling fluids and the controlled conditions which are typically involved in testing procedures, this is not considered further in the following tables. Extract ventilation systems are recommended.

Tables 2–7 contain generic information on likely exposure types and durations for these and other key tasks typically encountered in a drilling operation, as well as factors which may influence the level of exposure. This information is provided as a guide only—specific workplaces should be thoroughly assessed on a case-by-case basis.

Exposure scenarios and influencing factors

Table 2 Shaker house

General influencing factors: ambient temperature; indoors or outdoors; space and layout of the work area; general or local exhaust ventilation; HSE culture of the workforce, e.g. PPE discipline.

Task	Purpose	Exposure duration	Type of exposure	Influencing factors
Sampling	• Mud weight and funnel viscosity measurements (before and after the shakers)	• Routine operation • High frequency • >15 minutes per hour	• Skin contact with fluid (hands) • Inhalation of vapour/mist	• Fluid flow-line temperature • Fluid characteristics and composition
	• Cuttings sampling/ collecting (sample taken from the shaker) for oil on cuttings or for geological analysis of the rock formations	• Intermittent routine operation • Up to 15 minutes per hour when sampling required	• Splashes of fluid (face/hands/body) • Skin contact with fluid (hands) Inhalation of vapour/mist	• ROP and cuttings loading on screens • Fluid flow-line temperature • Fluid characteristics and composition
Maintenance	• Changing shaker screens (shaker not operating)	• Intermittent routine operation; • Up to 5 minutes per hour (guide only)	• Inhalation due to general work environment • Skin contact with fluid contaminated surfaces	• ROP • Shaker design • Ergonomics • Screen durability
	• Routine maintenance of shakers	• Intermittent routine operation	• Inhalation due to general work environment • Skin contact with fluid contaminated surfaces	• Shaker design • Ergonomics
	• Breakdown repair of shakers	• As required	• Inhalation due to general work environment • Skin contact with fluid contaminated surfaces	• Shaker design and reliability • Ergonomics
	• Cleaning operations · screens · general workplace · header box/possum belly	• As required	• Inhalation due to general work environment and mist/aerosol from cleaning methods/ materials • Skin contact with fluid contaminated surfaces • Splashes to face/body/hands	• Cleaning methods/ equipment/ agents • Ergonomics
• Inspection/ monitoring	• Gas trap/ header box	• Routine operation • High frequency • >15 minutes/hour	• Inhalation due to general work environment • Splashes to hands	• ROP dependent • Ergonomics • Design and layout of equipment
	• Shaker operation or screens e.g. monitoring for screen blinding, damage to screen mesh	• Routine operation • High frequency • >5 minutes/hour	• Inhalation due to general work environment • Splashes to face/body/hands	• Ergonomics • Design and layout of equipment • Solids characteristics/ volume • Screen selection

Table 3 Mix area

General influencing factors: design and type of mix equipment; indoors or outdoors; space and layout of the work area; general or local exhaust ventilation; HSE culture of the workforce, e.g. PPE discipline; ambient temperature.

Task	Purpose	Exposure duration	Type of exposure	Influencing factors
Introducing solid chemicals to the drilling fluid system	• Mixing through a venturi hopper	• Variable, hours to days	• Drilling fluid system additives: inhalation and skin contact of dust • Skin contact with contaminated surfaces	• Venturi hopper design • Packaging type • Bulk transfer tanks • Solid material characteristics • Volume to be mixed
	• Direct to mix tank/pit	• Variable, several hours	• Drilling fluid system additives: inhalation and skin contact of dust • Skin contact with contaminated surfaces • Splashing	• Mix system configuration • Packaging type • Solid material characteristics • Volume to be mixed
	• Through automated mixing system	• Variable, several hours possibly days	• Normal operations, no dust/ splashing exposure, as fully contained system	• Reliability of the system • Suitability of products for use in the system • Suitability of packaging
• Introducing liquid chemicals to the drilling fluid system	• Mixing through a venturi hopper	• Variable, hours	• Drilling fluid system additives: skin contact with contaminated surfaces, potential for splashing	• Venturi hopper design • Ergonomics • Packaging type • Liquid material characteristics • Volume to be mixed
	• Direct to mix tank/ pit	• Variable, hours	• Drilling fluid system additives: skin contact with contaminated surfaces, potential for splashing	• Mix system configuration • Packaging type • Liquid material characteristics • Volume to be mixed
	• Through automated mixing system	• Variable, hours	• Drilling fluid system additives: skin contact with contaminated surfaces	• Reliability of the system • Suitability of products for use in the system • Suitability of packaging
• Handling packaging	• Containment and handling of waste packaging materials, sacks, big bags, drums, intermediate bulk containers	• Hours, continuous during mixing operations	• Drilling fluid system additives: skin contact with contaminated surfaces • Dust and vapour inhalation from handling waste	• Packaging type • Chemical characteristics • Chemical compatibility • Waste collection, storage and disposal methods

Exposure scenarios and influencing factors

Table 4 Sack store

General influencing factors: design and type of storage area; indoors or outdoors; space and layout of the work area; general ventilation; HSE culture of the workforce, e.g. PPE discipline; ambient temperature; weather conditions; design and type of mechanical handling equipment.

Task	Purpose	Exposure duration	Type of exposure	Influencing factors
Storage of chemical additives	• Sack and drum storage of chemical additives to be used in mixing process	• Short term, intermittent	• Skin contact with contaminated surfaces • Dust and vapour inhalation from handling damaged packaged materials	• Packaging type • Chemical characteristics • Layout and design of storage area
Manual handling of chemical additives	• Movement of sacks and drums of chemical additives to and from mix area	• Short term, intermittent	• Skin contact with contaminated surfaces • Dust and vapour inhalation from handling damaged packaged materials	• Packaging type • Chemical characteristics • Ergonomics
Mechanical handling of chemical additives	• Movement of packaged chemical additives to and from mix area	• Short term, intermittent	• Dust and vapour inhalation from handling damaged packaged materials	• Packaging type • Chemical characteristics

Table 5 Mud pits

General influencing factors: design and volume of pit storage area; indoors or outdoors; space and layout of the surrounding work area, i.e. open or enclosed tanks; general ventilation; local exhaust ventilation; HSE culture of the workforce, e.g. PPE discipline; ambient temperature; weather conditions.

Task	Purpose	Exposure duration	Type of exposure	Influencing factors
Use of tanks	• Storage of bulk fluids	• Continuous	• Inhalation of vapour/mist	• Temperature of fluid • Fluid surface area exposed • Design and size of pits • Workplace design
Manual pit cleaning	• Removal of fluids/solids and cleaning of tank interior surfaces manually	• Continuous during cleaning operations	• Splashes, contact with contaminated surfaces, inhalation of vapour/mist	• Temperature • Ergonomics • Confined spaces • Cleaning equipment design and operating methods • Lighting
Automated pit cleaning	• Removal of fluids/solids and cleaning of tank interior surfaces mechanically	• Limited to set up or removal of equipment	• Contact with contaminated surfaces, inhalation of vapour/mist	• Configuration of the tank • Tank design • Cleaning equipment design
Pit transfers or circulating	• Movement of bulk fluids between pits, possibly using flexible hoses and pumps • Agitation of fluid within tank	• Limited to connection and transfer time	• Contact with contaminated surfaces, inhalation of vapour/mist. Potential for splashing	• Transfer/agitation equipment design • Operating methods • Tank design • Ergonomics

Table 6 Drill floor

General influencing factors: space and layout of the work area; general ventilation; HSE culture of the workforce, e.g. PPE discipline; ambient temperature; weather conditions; PPE type and suitability.

Task	Purpose	Exposure duration	Type of exposure	Influencing factors
Pipe handling	• Casing handling, tripping, making connections, completion strings	• Continuous during tripping operations	• Skin contact with contaminated surfaces or pipe dope • Splashes • Inhalation and skin contact from vapour/mist	• Characteristics of pipe dope • Degree of automation of drill floor activities • Fluid temperature
Cleaning	• Removal of fluid contamination	• During operations, intermittent	• Splashes, skin contact with contaminated surfaces • Inhalation of vapour/mist aerosol	• Type of cleaning equipment and agents used

Table 7 Deck operations

General influencing factors: space and layout of the work area; design of equipment used; general and/or exhaust ventilation; HSE culture of the workforce, e.g. PPE discipline; ambient temperature; weather conditions; PPE type and suitability; ergonomics.

Task	Purpose	Exposure duration	Type of exposure	Influencing factors
Cuttings handling	• Cuttings containment systems, cuttings conveyance	• Continuous	• Skin contact with contaminated surfaces • Splashes • Inhalation and skin contact from vapour/mist	• Temperature • Volume and characteristics of material • Design and operating methods of conveyance equipment
	• Cuttings skip filling operations and skip storage	• Continuous during drilling	• Skin contact with contaminated surfaces • Potential for splashes • Inhalation and skin contact from vapour/mist	• Design and operating methods of skip filling equipment • Ergonomics • Space and layout of the work area • Volume and characteristics of material
Cuttings treatment	• Cuttings slurrification and re-injection, including sampling and analysis	• Continuous during drilling and re-injection operations	• Potential for splashes • Inhalation and skin contact from vapour/mist	• Temperature • Volume and characteristics of the slurry • Equipment design
	• Thermal processing of cuttings	• Continuous during treatment	• Inhalation from emissions • Dust inhalation from treated cuttings	• Temperature • Design and operating methods of the treatment equipment • Space and layout of the workplace

Exposure scenarios and influencing factors

Exposure monitoring

Workplace monitoring to assess the level of exposure in the work area or to a particular individual is a critical aspect of the risk management process and should be carried out regularly to assess the effectiveness of the controls in place and drive improvements.

Air monitoring

Monitoring for dust, aerosol and vapour is a good way to accurately assess the level of drilling fluid component products present in the working atmosphere. The methods that need to be used to collect samples will vary with the chemical constituents of the drilling fluid systems in use and the duration of the sample. Common methods include:

- colorimetric detector tubes;
- passive and active adsorption samplers;
- filters;
- direct reading instruments; and
- adsorption methods.

(See Appendix 9 for further information.)

Skin monitoring

A common and effective approach to personal monitoring is skin monitoring. Methods of skin monitoring include:

- passive dermal monitoring;
- visual examination;
- trans-epidermal water loss; and
- skin moisture level measurement.

(See Appendix 9 for further information.)

Workplace health surveillance

Workplace health surveillance is a process designed to systematically detect and assess the early signs of adverse health effects on workers exposed to certain health hazards. Methods can be simple or more complex depending on the risks to workers from the job hazards and the substance, for example:

- monitoring for signs of skin irritation when a worker is potentially exposed to a substance that can cause dermatitis or sensitization;
- medical surveillance including biological monitoring to check for the presence of toxins in the body, e.g. testing blood or urine for benzene or heavy metals.

For workplace health surveillance to be applicable, there are criteria which should be considered:

- There is an identifiable disease or other identifiable adverse health outcome.
- The disease or health effect is related to exposure.
- There is a likelihood that the disease or health effect may occur.
- Valid techniques exist for detecting indications of the disease or health effects.

Further information on specific methods which can be used for health surveillance associated with drilling fluids is provided in Appendix 10.

Health records

Where health surveillance information such as lung function test data is documented, records may have to be maintained for a minimum number of years if specified by legislation. In the absence of legislation, OGP/IPIECA Report No. 393 [39] suggests maintaining health records for a minimum of 40 years after the individual leaves employment.

Risk management

The best way to minimize occupational exposure to hazardous substances is through the adoption of risk management principles, which are the key to identifying successful workplace HSE controls.

The risk management process is an iterative process of continuous improvement and should continue throughout the lifecycle of the drilling operation (see Figure 7 [36]). In order to identify the potential hazards it is imperative that persons with the responsibility for the design and selection of drilling fluid systems make information regarding all the constituents of those systems available to those responsible for the risk management process.

Figure 7 The risk management process

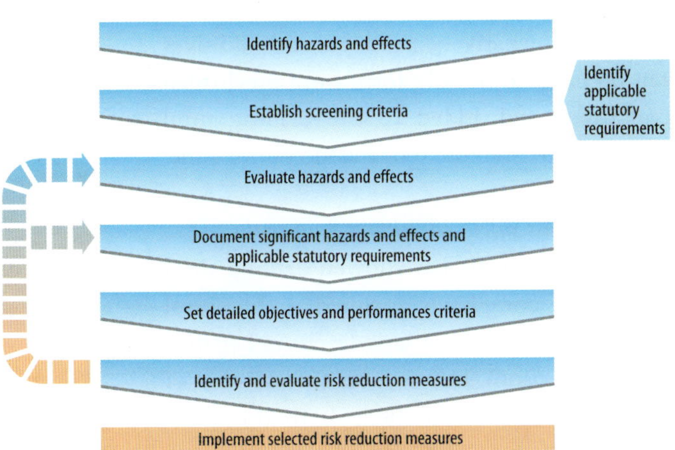

Hierarchy of risk controls

At each stage of a drilling operation, if hazardous components of drilling fluids have been identified, together with a risk of exposure, the following hierarchy of controls should be considered:

- Elimination
- Substitution
- Engineering controls
- Administrative controls (hygiene measures, working hours, awareness and training)
- Personal protective equipment.

Elimination

A goal of all operations should be to avoid the use of hazardous substances, and to avoid procedures which may cause exposure. Various brands of additives and chemical products may be at hand for personal preference reasons or as recommended by a particular manufacturer in cases where an alternative common additive could be used. Numerous chemicals with identical properties and functions may therefore be available on site, which may be unnecessary and could impede risk management. Every operation should strive to reduce the number of chemicals being used to an absolute minimum.

Substitution

The hazard presented by a drilling fluid not only depends on the main constituent but also on the additives used. The primary observed effect after repeated exposure to drilling fluid is dermal irritation and dermatitis. Dermal irritation may be caused by C9–C14 paraffinic and aromatic hydrocarbons, as well as by some additives. Use of an aqueous drilling fluid or a non-aqueous drilling fluid based on Group III hydrocarbons (such as esters, alpha olefins or linear internal olefins) may decrease the irritation hazard.

Drilling fluids with a high aromatic content may contain minimal amounts of benzene and a significant level of PAH, and may form a carcinogenic hazard. In addition, diesel-based

Risk management

drilling fluids may form a carcinogenic hazard due to chronic skin irritation. Using aqueous drilling fluids or fluids with a low aromatic content will decrease the carcinogenic hazard.

Engineering controls

Ideally the design of the workplace will incorporate the engineering controls required to provide a workplace which minimizes exposure of hazardous substances to the workforce. Certain older rigs cannot always accommodate the larger ventilation systems or modified flow lines that serve as engineering controls to minimize personnel exposure to certain drilling fluid systems. The ability of the rig to accommodate, or be modified to accommodate, the engineering controls needed to reduce personnel exposure to acceptable limits should be considered in the contracting process.

Over recent years many new technologies have been developed to address inferior work environment conditions. Some examples are given below.

Managed pressure drilling (MPD) and under-balanced drilling (UBD)

Both MPD and UBD practices require that bell nipple areas and flow lines to the shakers be enclosed and that they are able to tolerate greater than atmospheric pressures. These practices ensure that gases, vapours and condensation issuing from the drilling fluid circulated from the well bore are contained. Such practices are not common to all drilling operations but mainly used when these specific drilling techniques are employed.

Shale-shaker ventilation canopies

While improvements and experience with effective ventilation technologies are being realized, ventilation canopies enclosing shakers are being used more often.

Bulk handling and enclosed mix systems

More modern facilities enable powdered products to be handled mechanically even to the point of removing and disposing of the packaging. Liquid additives can be pumped into the mixing system instead of manually poured. Alternatively, products and additives can be handled in bulk form from pre-loaded containers and added to the drilling fluid system from a remotely operated control zone.

Use of sensors in closed drilling fluid tanks

The use of sensors has allowed drilling-fluid tanks to be completely enclosed, with control panels used to monitor tank levels (rather than visual inspection). This reduces the emission of gases, vapours and condensate to the work environment.

Introduction of real-time measurements

Automatic sampling and/or testing devices can reduce exposure through avoidance of the need to sample drilling fluids from open hatches/open tanks.

Administrative controls

Hygiene measures

Laundry practices

Protective clothing as well as skin becomes contaminated by chemicals, and it is essential that this should be washed frequently. One of the most common sources of skin irritation at

the well site has been due to the ineffective washing of coveralls and safety clothing. If not laundered properly, work clothing will retain fluid residue that can cause skin irritation the next time the clothing is worn. The following procedures are recommended when washing clothing soiled with NAFs:

- Do not overload washers.
- Designate one washer for drilling-fluid saturated clothing. Clothing that is not soiled with NAF fluid should always be washed in a separate washer.
- When washing contaminated clothes, run the clothes through at least two wash cycles using hot water and detergent. Additional cycles may be needed if the clothing is extremely soiled with drilling fluid.
- If it is not possible or practical to wash repeatedly, pre-soak the contaminated clothing in a laundry detergent solution for one to two hours before laundering.

Washing facilities

Removing all dirt and contaminants from the skin at the end of a day and during work breaks is extremely important, requiring the provision of adequate washing facilities. These include, as a minimum, an adequate supply of hot and cold running water, nail brushes and clean towels.

Rinsing in warm (not hot) running water and complete drying of the skin will help to reduce further the incidence of dermatitis; clean towels are preferable to air driers because the latter can de-fat the skin, and the time taken to dry the skin often leads to them not being properly used. The skin should be properly dried to avoid the risk of chapping, particularly during cold weather. Clean towels should therefore be available at all times; dirty towels mean exposing the skin to more dirt and bacteria, and to the risk of infection. The washing water available on a rig-site can be variable, with the hardness and pH being dependent on the source of the water; these factors can also contribute to a general drying of the skin.

Skin cleansing

Washing with soap and water is the most effective way of removing dirt and grime, provided the skin is not heavily soiled. However, choice of the correct soap is important: a quality soap that gives a good lather with a particular water supply will provide safe and often adequate cleansing.

The use of solvents and abrasives should be avoided. They tend to remove too much of the skin's natural grease, making it more vulnerable to other irritants, and can also cause dermatitis or other harm to the skin. Special skin cleansers are now widely available which allow safe and effective removal of dirt and irritants without upsetting the structure of the skin or its functions.

For external sites where no piped water supply is available, there are special waterless skin cleansers and cleansing wipes.

Barrier cream

General-purpose barrier creams are designed to protect against either water-soluble or solvent-soluble irritants. Their efficiency is limited and they cannot in any way be regarded as a substitute for good occupational hygiene practice and good skin cleansing and reconditioning practices. The main advantage of a barrier cream is that it facilitates the removal of contamination from skin.

The cream should be properly applied to the skin surface in hygienic conditions. Even when properly applied, its effectiveness will reduce after only 2 to 3 hours and it should be re-applied; the cream should also be re-applied after washing the hands. Barrier creams offer no effective protection for a person who has already been sensitized, because in such a case the person would react to very low amounts of the sensitizer. Some people can react to the ingredients of barrier creams and the use of these creams, especially under protective impermeable gloves, can in itself cause skin irritation. Barrier creams should be provided in hygienic wall-mounted dispensers at each changing area, with an alternative for use by personnel who may experience a reaction to a particular brand.

Skin reconditioning

The use of a reconditioning cream is often the most important stage in skin care, and generally the one which is not performed at all. The use of a conditioning cream at the end of the working day helps to replace the natural fats and oils which have been stripped from the skin by contact with chemicals and frequent cleansing. The reconditioning cream also helps to replace damaged skin cells and minimize infection of any cuts, scratches or abrasions of the skin. Reconditioning cream should be applied to clean, dry skin in the same way as barrier cream.

The installation of specially designed dispensers for use with liquid and gel skin cleansers and creams is strongly recommended. Such dispensers reduce to a minimum the risk of cross-infection and cream contamination that can occur if a number of people use the material from an open or communal container. Such dispensers should also be used in shower cubicles.

Working hours

A useful administrative control is to modify shift patterns and rotate jobs, thus limiting hours of exposure to potential hazards.

Awareness and training

Awareness and training on the hazardous materials, potential exposures and their health effects are critical.

- Material Safety Data Sheets should be provided for drilling fluid systems, components and additives.
- Material Safety Data Sheets for all drilling fluid system components and additives should be reviewed with personnel prior to working with these chemicals.
- Personnel should be trained in the recommended handling procedures; the selection, maintenance and storage of appropriate PPE; rig health and safety equipment; and procedures for reporting occupational illnesses such as skin irritations and for reporting to operation supervisors drilling practices that may be increasing exposure levels.
- Medical personnel should be selected giving consideration to their experience and expertise in the diagnosis and initial treatment of acute occupational illnesses related to the handling of these chemicals.

Emergency situations

Emergency situations, such as a major spillage or release, should be considered when designing administrative controls for normal activities.

Personal protective equipment

One of the most significant factors in effective personal protective equipment (PPE) usage is personal comfort. People will not wear personal protective equipment properly if it is uncomfortable or if their movement is restricted.

The use of protective clothing is advised to prevent direct contact with chemicals. PPE may include chemical splash goggles, appropriate chemical-resistant impermeable gloves, rubber boots, coveralls, and for roughnecks, slicker suits, when performing tasks such as tripping wet pipe or in work environments that are heavily contaminated with oil mist[37].

Wearing chemical resistant gloves and clothing is usually the primary method used to prevent skin exposure to hazardous chemicals in the workplace. Glove and protective clothing selection is usually based on manufacturer's laboratory-generated chemical permeation data. This is unlikely to reflect actual conditions in the workplace, e.g. elevated temperatures, flexing, pressure and product variation between suppliers[38].

To minimize worker exposure to heat stress in areas where the ambient temperature is very high, disposable chemical-resistant coveralls can be utilized instead of slicker suits. Regular changes of these disposable suits and/or chemical resistant gloves may be required depending on breakthrough time and level of contamination.

When working with drilling fluids, if ventilation is not adequate it is recommended that goggles and self-contained respirators are worn at all times. Respiratory protective equipment (RPE) is considered to be a last resort. RPE should only be considered when exposure cannot be adequately reduced by other means. It is vital that the RPE selected is adequate and suitable for the purpose. It should reduce exposure to as low as reasonably practicable, and in any case to below any applicable occupational exposure limit or other control limit. To make sure that the selected RPE provides adequate protection for individual wearers, fit testing of RPE including full-face masks, half-face masks and disposable masks is strongly recommended. This will help to ensure that inadequately fitting face masks are not selected.

Positive pressure is not a substitute for adequate fit, it only provides an additional margin of protection. Combination filters with organic vapour cartridges should be used when performing activities where there is the potential for hydrocarbon exposure.

Conclusions and summary of recommendations

Personnel involved in drilling operations may be exposed to hazardous components of drilling fluids. Therefore, the principles of risk management and risk control should be implemented where possible, with the aim of minimizing occupational exposure to hazardous substances.

Key principles are as follows:

- Understand the constituents of drilling fluids and their health effects.
- Understand exposure routes and influencing factors.
- Manage the risks by adopting the standard risk control hierarchy:
  - Elimination
  - Substitution
  - Engineering controls
  - Administrative controls
  - Personal protective equipment.

Monitor exposures and health effects, and review controls regularly for continued effectiveness.

Best practices include:

- The selection of effective and reliable control options which could minimize exposure to chemicals and substitute hazardous chemicals with substances less hazardous to health.
- The design of engineering controls and operating processes to minimize emission, release and spread of substances hazardous to health.
- Control measures proportionate to the health risk. Controls should take into account all relevant routes of exposure.
- Monitoring to quantify exposure in the work environment.
- Provision of information and training to workers related to the hazards and the effective use of control measures.
- The application of relevant health surveillance practices.
- Auditing and reviewing the effectiveness of control measures.
- Continuous improvement.

References

1. OGP Non-Aqueous Drilling Fluids Task Force. *Environmental Aspects of the Use and Disposal of Non Aqueous Drilling Fluids Associated with Offshore Oil & Gas Operations*. Report No. 342 (2003). Available from www.ogp.org.uk.
2. Davidson, R.G., Evans, M.J., Hamlin, J.W. and Saunders, K.J. Occupational Hygiene Aspects of the Use of Oil-Based Drilling Fluids. *Ann Occup Hyg* 32 (1988) 325–332.
3. James, R., Navestad, P., Schei, T., *et al. Improving the Working Environment and Drilling Economics Through Better Understanding of Oil Based Drilling Fluid Chemistry*. SPE 57551, SPE/IADC Middle East Drilling Technology Conference, Abu Dhabi, 8–10 November 1999.
4. Eide, I. A Review of Exposure Conditions and Possible Health Effects Associated with Aerosol and Vapour from Low-Aromatic Oil-Based Drilling Fluids. *Ann Occup Hyg* 32 (1990) 149–157.
5. Gardner, R. Overview and Characteristics of Some Occupational Exposures and Health Risks on Offshore Oil and Gas Installations. *Ann Occup Hyg* 47 (2003) 201–210.
6. Skyberg, K., Ronneberg, A., Kamoy, J.I., Dale, K. and Borgersen, A. Pulmonary Fibrosis in Cable Plant Workers Exposed to Mist and Vapour of Petroleum Distillates. *Environ Res* 40 (1986) 261–273.
7. Malvik, B. and Børresen, E. *Methods for Measuring Oil Mist and Vapour*. STF21 A88028, Trondheim: SINTEF Technical Institute (1988).
8. National Institute of Occupational Safety and Health, USA (1994).
9. Cherrie, J.W. A Conceptual Model of Dermal Exposure Assessing Skin Exposure. *Occupational and Environmental Medicine* 56 (1999) 765–773.
10. U.S. Department of Labor, Occupational Safety & Health Administration. *Dermal Dosimetry*. www.osha.gov/SLTC/dermalexposure/dosimetry.html (accessed on July 19, 2007).
11. Malten, K.E. Thoughts on Contact Dermatitis. *Contact Dermatitis* 7 (1981) 238-247.
12. EnviroDerm Services. Technical Bulletin No. 4: *Health Surveillance and the Skin*. (September 2000).
13. Ormerod, A.D., Dwyer, C.M. and Goodfield, M.J. Novel Causes of Contact Dermatitis from Offshore Oil Based Drilling Muds. *Contact Dermatitis* 39 (1998) 262–263.
14. Cauchi, G. *Skin Rashes with Oil-Base Mud Derivatives*. SPE 86865, SPE International Conference on Health, Safety, and Environment in Oil and Gas Exploration and Production, Calgary, 29–31 March 2004.
15. Douglas, J.F., McKee, R.H., Cagen, S.Z., Schmitt, S.L., Beatty, P.W., Swanson, M.S., Schreiner, C.A., Ulrich, C.E. and Cockrell, B.Y. A Neurotoxicity Assessment of High Flash Aromatic Naphtha. *Toxicol Ind Health* 9 (1993) 1047–1058.
16. Huang, J., Kato, K., Shibata, E., Sugimura, K., Hisanaga, N., Ono, Y. and Takeuchi, Y. Effects of Chronic n-Hexane Exposure on Nervous System-Specific and Muscle-Specific Proteins. *Arch Toxicol* 63 (1989) 381–385.
17. Schreiner, C., Bui, Q., Breglia, R., Burnett, D., Koschier, F., Lapadula, E., Podhasky, P. and White, R. Toxicity Evaluation of Petroleum Blending Streams: Inhalation Subchronic Toxicity/Neurotoxicity Study of a Light Catalytic Reformed Naphtha Distillate in Rats. *J. Toxicol Environ Health* A 60 (2000) 489–512.
18. Ameille, J., Wild, P., Choudat, D., Ohl, G., Vaucouleur, J.F., Chanut, J.C. and Brochard, P. Respiratory Symptoms, Ventilatory Impairment, and Bronchial Reactivity in Oil Mist-Exposed Automobile Workers. *American Journal of Industrial Medicine* 27 (1995) 247–256.
19. Greaves, I.A., Eisen, E.A., Smith, T.J., Pothier, L.J., Kriebel, D., Woskie, S.R., Kennedy, S.M., Shalat, S. and Monson, R.R. Respiratory Health of Automobile Workers Exposed to Metal-Working Fluid Aerosols: Respiratory Symptoms. *American Journal of Industrial Medicine* 32 (1997) 450–459.
20. Dalbey, W.E. and Biles, R.W. Respiratory Toxicology of Mineral Oils in Laboratory Animals. *Appl Occup Environ Hyg* 18 (2003) 921–929.
21. Skyberg, K., Skaug, V., Gylseth, B., Pedersen, J.R., and Iversen, O.H. Subacute Inhalation Toxicity of Mineral Oils, C15-C20 Alkylbenzenes, and Polybutene in Male Rats. *Environ Res* 53 (1990) 48–61.
22. Proudfit, J.P., Van Ordstrand, H.S., and Miller, C.W. Chronic Lipid Pneumonia Following Occupational Exposure. *Arch Industrial Hygiene Occupation Med* 1 (1950) 105–111.
23. Foe, R.B. and Bigham, R.S., Jr. Lipid Pneumonia Following Occupational Exposure to Oil Spray. *Journal of the American Medical Association* 155 (1954) 33–34.
24. Schnatter, A.R., Rosamilia, K. and Wojcik, N.C. Review of the Literature on Benzene Exposure and Leukemia subtypes. *Chemical Biological Interactions* 153–154 (2005) 9–21.
25. Babu, R.J., Chatterjee, A. and Singh, M. Assessment of Skin Irritation and Molecular Responses in Rat Skin Exposed to Nonane, Dodecane and Tetradecane. *Toxicol Lett* 153 (2004) 255–266.
26. Fischer, T. and Bjarnason, B. Sensitizing and Irritant Properties of 3 Environmental Classes of Diesel Oil and Their Indicator Dyes. *Contact Dermatitis* 34 (1996) 309–315.
27. McDougal, J.N., Pollard, D.L., Weisman, W., Garrett, C.M. and Miller, T.E. Assessment of Skin Absorption and Penetration of JP-8 Jet Fuel and Its Components. *Toxicol Sci* 55 (2000) 247–255.

References

28. Henkel, K. Acute skin irritation—rabbit. Protocol OECD 404. Henkel KGaA. (1989).
29. OECD. SIDS Initial Assessment Report—Alpha Olefins. UNEP (2000).
30. OECD. SIDS Initial Assessment Report—Higher Olefins. UNEP (2003).
31. Knox, J.M., Dinehart, S.M., Holder, W., Cox, G. and Smith, E.B. Acquired Perforating Disease in Oil Field Workers. *Journal of the American Academy for Dermatology* 14 (1986) 605–611.
32. Saeed, W.R., Distante, S., Holmes, J.D., and Kolhe, P.S. Skin Injuries Afflicting Three Oil Workers Following Contact with Calcium Bromide and/or Calcium Chloride. *Burns* 23 (1997) 634–637.
33. Ormerod, A.D., Wakeel, R.A., Mann, T.A., Main, R.A. and Aldridge, R.D. Polyamine Sensitization in Offshore Workers Handling Drilling Muds. *Contact Dermatitis* 21 (1989) 326–329.
34. CONCAWE. *Gas oils (diesel fuels/heating oils).* CONCAWE Product Dossier 95/107 (1996) CONCAWE, Brussels.
35. Bull, N., Riise, T. and Moen, B.E. Influence of Paternal Exposure to Oil and Oil Products on Time to Pregnancy and Spontaneous Abortions. *Occup Med* (Lond). 49 (1999) 371–76.
36. E&P Forum. *Guidelines for the Development and Application of Health, Safety and Environmental Management Systems.* Report No. 6.36/210 (1994) Available from www.ogp.org.uk.
37. The Petroleum Industry Training Service Non Water Based Drilling and Completion Fluids. *Industry recommended Practice* (IRP) Volume 14 (2002).
38. Klingner, T.D. and Boeniger, M.F. A Critique of Assumptions About Selecting Chemical-Resistant Gloves: A Case for Workplace Evaluation of Glove Efficacy. *Appl Occup Environ Hyg* 17 (2002) 360–367.
39. OGP/IPIECA. *Health Performance Indicators: A Guide for the oil and gas industry.* OGP Report Number 393, 2007.
40. OGP. *Guidelines for the management of Naturally Occurring Radioactive Material (NORM) in the oil & gas industry.* OGP Report No. 412. September 2008.

Abbreviations

ACGIH®	American Conference of Governmental Industrial Hygienists
BTEX	Benzene, toluene, ethylbenzene and xylenes
HSE	Health, safety and environment
IO	Internal olefins
LAO	Linear alpha olefins
LP	Linear paraffin
LSA	Low specific activity scale contamination
mg/m^3	milligrammes per cubic meter
NAF	Non-aqueous fluids
NIOSH	National Institute of Occupational Safety and Health, USA
OEL	Occupational exposure limit
OGP	International Association of Oil & Gas Producers
PAH	Polycyclic aromatic hydrocarbons
PAO	Poly-alpha olefins
PPE	Personal protective equipment
ppm	parts per million
ROP	Rate of penetration (drilling)
TLV	Threshold limit value
TWA	Time-weighted average
WBF	Water-based fluid

Glossary of terms

Aerosols	Suspension of variable size particles capable of remaining airborne.
Biological monitoring	Testing for the presence of a hazardous substance, its metabolites or a bio chemical change in a person's body tissue, exhaled air or fluid.
Carcinogenic	Capable of causing cancer.
Chemical name	The scientific or technical name of a substance.
Code of practice	A systematic collection of rules, standards and other information relating to the practices and procedures followed in an area.
Control measures	Ways of preventing or minimizing a person's exposure to a hazardous substance. A hierarchy of controls ranks measures taken to prevent or reduce hazard exposure according to effectiveness.
Corrosive	Capable of destroying materials or living tissue (e.g. skin) on contact.
Cytotoxic	Having the property of being destructive to living cells.
Dusts	Caused by mechanical abrasion or fragmentation of solids, the size of particles is 0.1–100μm (microns).
Exposed	A person is exposed to a hazardous substance if the person absorbs, or is likely to absorb the substance by ingestion or inhalation or through the skin or mucous membrane.
Fumes	Produced by combustion, sublimation or condensation of volatile solids, the size of particle is usually less than 0.1 mm but fumes have a tendency to flocculate and produce larger particles as the aerosol ages.
Gases	Substances which normally exist in gaseous form at standard pressure and temperature.
Hazard	The hazard presented by a substance is its potential to cause harm.
Hazardous substance	A chemical or other substance that can affect workers health, causing illness or disease; and any substance for which the supplier, manufacturer or importer must provide a current material safety data sheet. Since September 1997, hazardous substances include those with carcinogenic, mutagenic and teratogenic effects, and cytotoxic drugs.
Health surveillance	The monitoring (including biological monitoring or medical examination) of a person in relation to the person's exposure to a hazardous substance. Surveillance is for the purpose of identifying changes in health status due to exposure.
Hierarchy of controls	Ranking of measures taken to prevent or reduce hazard exposure according to effectiveness. That is from the most effective measures that eliminate hazards to the least satisfactory that achieve only limited protection.
Mists and fogs	Condensation or liquid particles, which produce liquid aerosols.
Smokes	Suspension of solid particles produced by incomplete combustion of organic materials; size of particle usually less then 0.5mm and particles do not settle readily.
Vapours	Gaseous form substances normally liquid at standard pressure and temperature.

The OGP/IPIECA Membership

Company members

ADNOC
Anadarko Petroleum Corporation
BG Group
BHP Billiton
BP
Cairn Energy
Chevron
CNOOC
ConocoPhillips
Devon Energy
Dolphin Energy
DONG
ENI
ExxonMobil
GDF Suez
Hess
Hocol
Hunt Oil Company
Inpex
Japan Oil, Gas & Metals National Corporation
Kuwait Oil Company
Kuwait Petroleum Corporation
Mærsk Olie og Gas
Marathon Oil
MOL plc
Nexen
NOC Libya
Nunaoil A.S.
OMV
ONGC
OXY
Papuan Oil Search Ltd
Perenco Holdings Ltd
Persian LNG
PetroCanada
Petrobras
Petropars Ltd
Petronas
Petrotrin
Premier Oil
PTT EP
Qatar Petroleum
QatarGas
RasGas
Repsol YPF
Safer Exploration and Production Operations Company
Saudi Aramco
Shell International
SNH Cameroon
StatoilHydro
Talisman
TNK-BP
TOTAL
Tullow Oil
Wintershall
Woodside Energy
Yemen LNG

Association and Associate members

Australian Institute of Petroleum
American Petroleum Institute
ARPEL
ASSOMINERARIA
Baker Hughes
Canadian Association of Petroleum Producers
Canadian Petroleum Products Institute
Colombian Safety Council
CONCAWE
Energy Institute
European Petroleum Industry Association
IADC
IAGC
Instituto Brasileiro de Petróleo, Gás e Biocombustíveis (IBP)
IOOA
Smith International
NOGEPA
Oil & Gas UK
OLF
PAJ
Schlumberger
South African Petroleum Industry Association
WEG
World Petroleum Council

International Association of Oil & Gas Producers (OGP)

OGP represents the upstream oil and gas industry before international organizations including the International Maritime Organization, the United Nations Environment Programme (UNEP) Regional Seas Conventions and other groups under the UN umbrella. At the regional level, OGP is the industry representative to the European Commission and Parliament and the OSPAR Commission for the North East Atlantic. Equally important is OGP's role in promulgating best practices, particularly in the areas of health, safety, the environment and social responsibility.

International Petroleum Industry Environmental Conservation Association (IPIECA)

The International Petroleum Industry Environmental Conservation Association was founded in 1974 following the establishment of the United Nations Environment Programme (UNEP). IPIECA provides one of the industry's principal channels of communication with the United Nations.

IPIECA is the single global association representing both the upstream and downstream oil and gas industry on key global environmental and social issues. IPIECA's programme takes full account of international developments in these issues, serving as a forum for discussion and cooperation involving industry and international organizations.

IPIECA's aims are to develop and promote scientifically-sound, cost-effective, practical, socially and economically acceptable solutions to global environmental and social issues pertaining to the oil and gas industry. IPIECA is not a lobbying organization, but provides a forum for encouraging continuous improvement of industry performance.

Appendix 1: Historical developments in drilling fluid design

Water-based fluids (WBFs)

Figure 1 shows the development trend of water-based drilling fluids from very simple systems to highly complex chemical compositions. The technical advances in composition have primarily been to:

- prevent the softening and sticking of clay cuttings to the drill-string and pipe assembly;
- improve lubricity to reduce drilling torque and drag; and
- enable environmental compliance while allowing discharge of drill cuttings.

Figure 1 History of water-based drilling fluid development

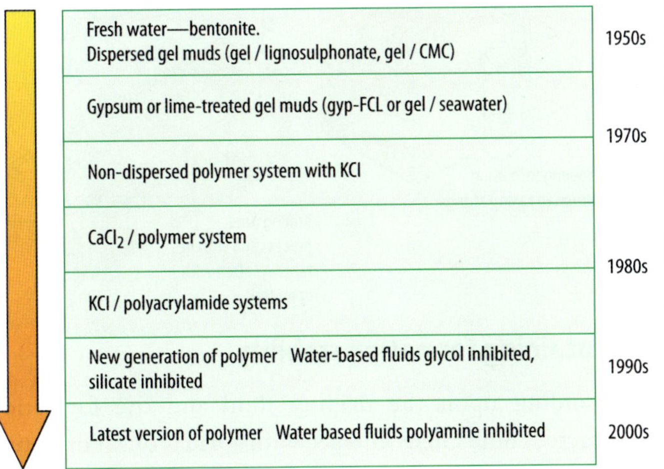

These improvements in technical specification have been required as environmental legislation and well design have become more demanding.

Non-aqueous fluids (NAFs)

Figure 2 expresses the development trend of hydrocarbon-based drilling fluids. The recognition of their benefit in the earliest years was to prevent the softening and sticking of clay cuttings to the drill string and pipe assembly. Later the benefit of lubricity was realized as well designs became more challenging. More recently, technical, environmental and health considerations have influenced the development of the various types of NAF.

Figure 2 Trends in non-aqueous drilling fluids formulation

1920 Engineering → Environmental → Health/safety → To date

Group I	Group I	Group I (early)	Group II	Group III (late)
C_2 and up Crude oil Naphthenes PAH	C_8 and up Diesel oil Naphthenes	$C_{11}-C_{20}$ Mineral oil Naphthenes	$C_{11}-C_{20}$ Low toxicity mineral oil Paraffins	Man-made $C_{15}-C_{30}$ Esters, ethers PAO, acetals LAB, LAO, IO, LP Highly refined paraffins
High aromatics FP 20–90°F	Aromatics 15–25% FP 120–180°F	Aromatics 1–20% FP 150–200°F	Aromatics <1% FP >200°F	No aromatics FP >200°F

Appendix 2: Functions of drilling fluids

A schematic of the drilling fluid circulation system for well and rig is shown in Figure 1. The functions of drilling fluids include the following:

Barrier for well control

The drilling fluid is recognized as a primary barrier in a well for controlling down hole pressures and for the consequential avoidance of uncontrolled gas or fluid intrusions from the formations being drilled or exposed.

Cuttings removal

Drilling fluids must be able to remove cuttings from the well bore as they are produced. Drilling fluid is pumped down the drill string and out through the bit, circulating cuttings to the surface up the annulus where they are removed by solids removal equipment. The fluid is then re-circulated through the hole. This process is repeated as drilling progresses. To lift the cuttings out of the hole effectively, the fluid must have some viscosity. Clays and polymers can provide this viscosity.

Suspension of cuttings

When drilling fluid circulation is stopped, the instantaneous gel strength of the drilling fluid must be sufficient to maintain the cuttings in suspension for a reasonable period of time. The additives used to increase drilling fluid viscosity, such as clays and polymers, are also selected for their properties as gelling agents.

Transmission of hydraulic power to the drilling bit

There is a relationship between the rate of penetration (ROP) and the hydraulic power of the drilling fluid exiting the drill bit. By selecting fluid components to ensure that optimized hydraulic pressure is expended across the bit, rather than in other sections of the circulation system, the ROP may be substantially improved. Pressure losses arising from viscosity and friction with the drill-pipe and bore walls reduce the available hydraulic power to the bit and bottom hole drilling assembly. Drilling fluids having high lubricity coefficients and low viscosity characteristics while in circulation may thus be required.

Figure 1 Fluids circulating system of a rig and well

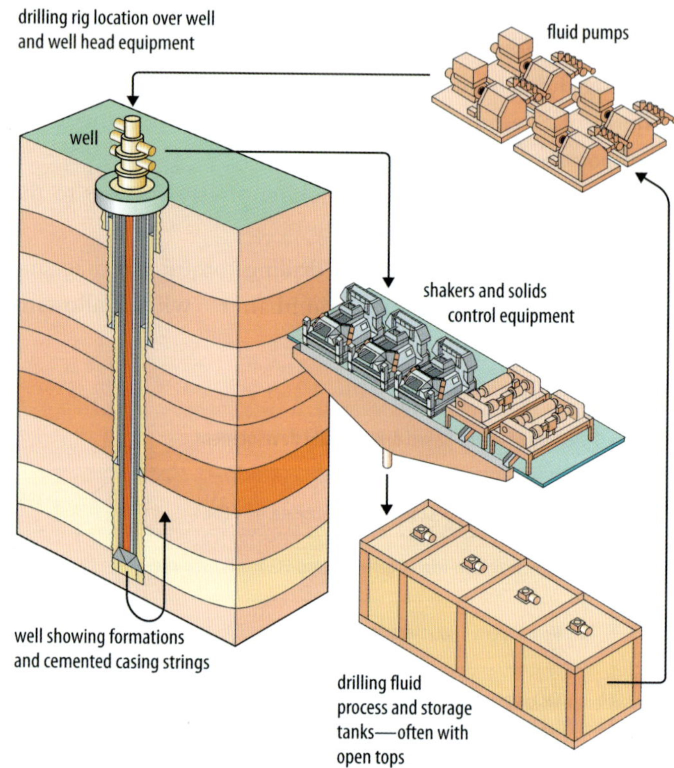

Maintaining formation stability

Depending upon the drilling fluid and the formation contacted, fluids may interact with formations. Formation damage is more prevalent with water-based fluids, as the water may interact with salt bearing and clay formations. The formulation of new inhibitive water-based fluids has led to a wide selection of suitable additives which provide less formation damage potential than traditional water-based drilling fluids. Interactions between non-aqueous fluid (NAF) based drilling fluids and formations are significantly reduced as the drilling fluids are more inhibitive, reduce water contact with the formation, and allow less complex drilling fluid formulations of higher technical performance.

Maintaining pressure on the formation

The hydrostatic pressure of the drilling fluid must be sufficient to prevent inflow of formation fluids into the well, and also prevent the wall of the well collapsing. In the majority of cases a weighting agent is added to the drilling fluid, commonly barium sulphate (barite), or occasionally hematite or ilmenite to give the necessary density.

Filtration loss control

Drilling fluid loss can occur when drilling through porous and permeable formations. A wide range of materials as simple as shredded paper and straw to more complex blends, or proprietary polymer products are used to control filtration rates. Control of fluid loss is important both for maintaining pressure control and reducing damage to the formation.

Cooling and lubrication of the drill bit and drill string

Cooling and lubricating the drill bit and drill string are important, especially when drilling in deep or highly deviated wells where temperatures are hotter and the torque on the drill is higher. Hydrocarbons, graphitic or microspheres may be used to increase lubricity in water-based fluids. NAF-based drilling fluids have an inherently low coefficient of friction. Both water and NAF-based systems are effective at cooling the drill bit. NAF-based drilling fluids can generally be used at higher temperatures due to the adverse reactions of many water-based products when exposed to higher temperatures.

Data logging

Drilling fluids characteristics need to be controlled so that logging instruments can accurately provide information about the well and formations being drilled.

Appendix 3: NAF-based fluids technical data

Table 1: NAF-based fluids technical data

Name	SG	Flash point (°C)	Pour point (°C)	Aromatics (%)	Viscosity 20 °C	Viscosity 40 °C	Aniline point (°C)	Boiling point range (°C)
ACETAL	0.84	129						
BP 8313	0.781	78	-40	2	2.36	1.67	82	195
BP 83HF	0.79	95	-10	5		2.4	88	220
CLAIRSOL	0.77	104		0	2.5		93	
CLAIRSOL 350M	0.7–0.81	72	-35	3	1.7–2.1		76	210–280
CLAIRSOL 350 MHF	0.818	100	-18	2		2.3	78	215–305
CLAIRSOL 370	0.79	100	-29	0.6–1.0	3.3	2.4	80	225–290
CLAIRSOL 400	0.794	98		3.8	3.7	2.5		235
CLAIRSOL 430	0.79–0.816	100		5	3.7	2.8–3.2	82	225–355
CLAIRSOL 450	0.815	93		4.4		3.4		225
CLAIRSOL 500	0.814	130		7.7		3.7		274
CLAIRSOL NS	0.82	122	-18	<0.5		3.4	84	261–293
CLAIRSOL NT	0.76	>90	-6	<0.1		1.8	91	
CLAIRSOL 2000 *	0.767	91	-6			1.8	93	>250
CONDRIL A	0.796	69		4.6	1.88	1.56		176
DF1	0.82	75	-50	0.15	2.4	1.7	73	198–254
DIESEL	0.865	65	0	60			130	176
DIESEL	0.845	56	-21			3		
DIESEL No.2	0.8	54		45		1.9–3.4		204–337
DMF 120	0.82	74		3	2.44	1.72	73	185
DMF 120V	0.813	77		2.85	3.86	2.56	82	200
DMF 120 HF	0.8	100	-10	3.9	4.5	2.9	82	200
EDC 95-11	0.814	115	-27	<0.1		3.5	91	250–335
EDC99DW	0.811	100	-51	<0.01		2.3	80	230–270
EMO 4000	0.81	103	-30	0.55		2.2	77.4	236
ENERGOL HPO	0.784	66		1		1.7	82	195
ESCAID 110	0.804	70	-20	0.4		1.64	72	192–245
ESCAID 120	0.818	101	-24	0.9		2.36	78	235–270
ESCAID 300	0.76	97				2.4		221–248
EVCO LT4	0.82	130		8		3.8		266
FINA ISO 8267	0.82	60				1.5		
FINALAN	0.81	77		0.7				
HDF 100	0.808	95	-45	5		2.8	83	215
HDF 150	0.808	95	-45			2.7	84	215
HDF 200	0.814	100	-30	6	5	3.2	86	230
HDF 2000	0.803	105	-22	1		3.5	89	230
HDF 2000 PLUS	0.808	>102		<1				

continued …

Table 1: NAF-based fluids technical data *(continued)*

Name	SG	Flash point (°C)	Pour point (°C)	Aromatics (%)	Viscosity 20 °C	Viscosity 40 °C	Aniline point (°C)	Boiling point range (°C)
HDF 250	0.815	105	-30			3.3	86	245
HDF 300	0.812	125	-20	5		3.6	90	260
HFDMF	0.822	101	-18	2.4		2.99		225
HT40N	0.83	126	-33	<2.2		3.4	79	256
IL 2803	0.81	103	-30	0.55		2.2	77.4	236
IL 2832	0.83	115	-20	3.8	7.5	4.4	81	242
IL 3000	0.815	100	-30	4		2.9		
KL 55	0.86	142		3.9		6.6	78	294
KL 66	0.834	80	-24		5.9	3.5	80	220
Lamium 11	0.805	80	-24	1		2		205
LA 12	0.816	74	-12		5.5	3.3	81	178
LAB	0.86	126			4			
LAO	0.78	113			2.28			
LVT200	0.814	94	-46	0.5		2.1	78	216
LVTS2	0.808	93	-60	3		1.56		179
MDF300	0.81	>93	<-4	<0.1		3		
MOSSPAR H	0.8	90	-30			<7		220–380
PAO	0.8	160						
PETROFREE	0.86	179	-30	0	6		0	
PUREDRIL HT-30	0.81	95	-18	<0.9		2.9	95	
PUREDRIL IA-35	0.835	120	-57			3.5	90	
PUREDRIL IA-35LV	0.816	96	-63	<0.1		2.64	82	
RAD 564	0.77	85		0.05		1.69	80	
RAD 569	0.82	80	-21	3	3.1	2.1	75	220
RAD 569M	0.805	59	-21	6	2.9	2	77.5	175
SARALINE 185	0.783	>85	3		2.6			175–360
SARALINE 200	0.783	>95	<8		3.7	<0.05		200–360
SARAPAR 103	0.73	75	-18		1.6			
SARAPAR 147	0.76	120	<9		2.5			225–300
SASOL		80	-8	0.1		<3		
SAFRASOL D80	0.787	81		0.1			78	207
SHELLSOL D70	0.79	72	-30		2.1	1.5	75	194
SIP 1	0.825	102	-35	0.3		2.3	80	230–310
SIP 2\0	0.7605	92	-7	<0.1		1.76	88	>211
SIP 4\0	0.8275	132	-57	0		3.8	92	>249
SIPDRIL 4.0	0.82	104	-51	<0.01		2.7	84	230–310
SURDYNE B140	0.796	95	-30		2.7	2.1	78	220–275
SURDYNE B200		114	-6		3.1	2.1		245–290
TSD 2832	0.83	109		4.1		4.6	87	242
XP-07	0.767	91	-6			1.8	93	>250

Table 2: Physical and chemical characteristics of commonly used NAF base fluids

Base fluid type	Diesel	Total HDF-200	Total DF-1	Total EDC 95/11	Total EDC99DW	Carless XP-07	Carless Clairsol NS	SIP 1	SIP 2/0	SIP 4/0	Escaid 110	Escaid 120	Escaid 300
OGP NAF Classification Group	I	II	III	III	III	III	III	III	III	III	III	III	III
Odour	Characteristic		slight	none	faint	mild	mild						
Density as SG at 15 °C	0.845	0.812	0.82	0.814	0.811	0.761	0.827	0.825	0.7605	0.8275	0.804	0.818	0.76
Kinematic viscosity in cSt at 40°C	3.0	3.2	1.7	3.5	2.3	1.7	3.2	2.3	1.76	3.8	1.64	2.36	2.4
Flash point in Pensk.M as °C	56	93	75	115	100	92	122	102	92	132	70	101	97
Pour point as °C	-21	-30	-50	-27	-51	-9	-18	-35	-7	-57	-20	-24	
Boiling range as °C		230–325	198–254	250–335	230–270	215–255	261–293	220–310	211–235	243–352	192–245	235–270	221–248
Aromatics as % weight	20	<1	0.15	<0.1	<0.01	< 0.1	<0.5	0.3	< 0.1	0.00	0.4	0.9	
Sulphur content as ppm		3,120		0	0			< 5	< 1				
Skin irritation—OECD 404 test			Non-irritant	Non-irritant	Non-irritant	Mild irritant	Mild irritant	Non-irritant	Non-irritant	Non-irritant			
Vapour pressure (Pa) @ 20 °C			13	0.3	2.7	4.8	0.25	<100			17.7	1.5	
Vapour pressure (Pa) @ 60 °C	1,650 @50 deg	284 @50 deg	214,900	10.3	59.3	105.5	12.2		478				
Vapour pressure (Pa) @ 80 °C	3,330 @75 deg	685 @75 deg	689,200	42.3	205,200	359	55		1,620				
Vapour pressure (Pa) @ 100 °C	10,600	3,804	1,885,100	145,600	631,100	1,110	285		4,200				

Appendix 4: Characteristics of non-aqueous drilling fluids additives

Physical characteristics of non-aqueous fuids

Primary product function	Type of material	Requirement in NAF	Hazardous classification	Hazardous components	Handling and PPE recommendations
Weighting agent	Barite, ilmenite, hematite, calcium carbonate	Generally barite, almost always	Not classified, dust hazard	May contain SiO_2, respiratory hazard. Mechanical irritation of skin or eyes.	Wear appropriate dust mask/ respirator with filter suitable for the particle size of the dust. Wear safety goggles to protect from mechanical eye irritation. Gloves to protect from mechanical skin irritation.
NAF base fluids (OGP Group III)	Linear paraffins, synthetic iso-alkanes, highly refined mineral oils, olefins	Yes, from 50–95% by volume	Harmful, may cause lung damage if swallowed, some may cause dryness of skin on prolonged or repeated contact	Hydrocarbon aspiration risk if viscosity is <7cSt @ 40 °C. Hydrocarbon may cause skin dryness.	Safety goggles to protect from mist and splashing to the eyes. Organic vapour mask/respirator to protect from inhalation of hydrocarbon mist/vapour. Oil resistant gloves, boots and slicker suits to protect from prolonged skin contact. Effective ventilation systems are essential.
Primary emulsifier (generic)	Hydrophilic and hydrophobic compounds in a carrier fluid - soaps, amines, imidazolines, fatty acid derivatives	Yes, always	May be harmful to skin, eyes, by inhalation or if swallowed. Irritating to skin and eyes. May have aspiration risk, viscosity dependent.	Surfactant fatty acids/ amine derivatives, tall oil reaction products. Hydrocarbon based carrier fluid. Check the MSDS for specific details.	Safety goggles to protect from splashing to the eyes. Organic vapour mask/ respirator if atmosphere heavily contaminated. Chemical/ oil resistant gloves and slicker suits or aprons to protect from prolonged skin contact.
Secondary emulsifier (generic)	Hydrophilic compounds with a positive end in a carrier fluid—polyamides, soaps, amines, imidazolines, fatty acid derivatives	Dependent on NAF type	Irritating to skin and eyes. May have aspiration risk, viscosity dependent.	Surfactant fatty acids/ amine derivatives, tall oil reaction products. Hydrocarbon based carrier fluid. Check the MSDS for specific details.	Safety goggles to protect from splashing to the eyes. Organic vapour mask/ respirator if atmosphere heavily contaminated. Chemical/oil resistant gloves and slicker suits or aprons to protect from prolonged skin contact.
Wetting agent	Hydrophilic compounds primarily—sulphonic acid, amides, polyamides	Dependent on NAF type	Generally irritating to skin and eyes	Surfactant fatty acid derivatives. May contain hydrocarbon carrier fluid. Check the MSDS for specific details.	Safety goggles to protect from splashing to the eyes. Organic vapour mask/ respirator if atmosphere heavily contaminated. Chemical/oil resistant gloves and slicker suits or aprons to protect from prolonged skin contact.
Viscosifiers	Organophillic montmorillonite, attapulgite or hectorite, synthetic polymers—amine treated	Yes, usually montmorillonite	Not classified as hazardous, dust hazard and SiO_2 hazard depending on composition	May contain SiO_2, respiratory hazard, depending on the material. Mechanical irritation to skin/ eyes.	Wear appropriate dust mask/ respirator with filter suitable for the particle size of the dust. Wear safety goggles to protect from mechanical eye irritation. Gloves to protect from mechanical skin irritation.

continued ...

Physical characteristics of non-aqueous fuids *(continued)*					
Primary product function	**Type of material**	**Requirement in NAF**	**Hazardous classification**	**Hazardous components**	**Handling and PPE recommendations**
Rheological modifier	Hydrophobic or polymeric compounds, typically fatty acids in liquid products or acrylate co-polymers in powder products	Infrequently, these products tend to be environmentally unacceptable	Not classified as hazardous for liquid products, or for powder products dust hazard only	Fatty acid derivatives may contain hydrocarbon carrier fluid. Check the MSDS for specific details.	Safety goggles to protect from splashing to the eyes. Organic vapour mask/ respirator if atmosphere heavily contaminated. Chemical/oil resistant gloves and slicker suits or aprons to protect from prolonged skin contact.
Brine phase	Fresh water primarily with calcium chloride; see Table 1 for list of alternatives and hazard classifications	Calcium chloride is used in greater than 95% of NAF formulations	Irritating to eyes and skin, prolonged exposure can result in severe skin irritation.	Calcium chloride salt, other salts may be more or less irritating. Check the MSDS for specific details; also see Table 2 in Appendix 6.	Safety goggles and full face shield to protect from splashing, protect from skin/eye irritation. Chemical resistant/impervious gloves, boots and clothing to protect from prolonged exposure
Filtration control	Asphalt, lignite, gilsonite	Not always needed, dependent on mud type and purpose	Not classified, dust hazard	May contain SiO_2, depending on the material. Check the MSDS for specific details.	Wear appropriate dust mask/ respirator with filter suitable for the particle size of the dust. Wear safety goggles to protect from mechanical eye irritation. Gloves to protect from mechanical skin irritation.
Lime	Lime (Calcium hydroxide)	Yes, to activate the emulsifiers in particular	Severe eye irritant, may cause permanent damage. Skin irritant, may be corrosive if skin is moist.	Calcium hydroxide reacts with moisture to be extremely irritating/ corrosive on prolonged contact.	Wear appropriate dust mask/ respirator with filter suitable for fine dust. Wear safety goggles/ face shield to protect from skin/eye irritation. Chemical resistant gloves, boots and clothing to protect from skin irritation and prolonged contact.
Thinners	Liquid products may contain fatty acids. Powder products include lignites, lingo-sulphonate and tannins	Very seldom	Liquid products may be irritating to eyes and skin. Powder products, dust hazard	Liquid products may have a hydrocarbon carrier fluid. Mechancial dust hazard May contain SiO2, depending on the material, check MSDS.	Safety goggles to protect from splashing to the eyes. Organic vapour mask/ respirator if atmosphere heavily contaminated. Chemical/oil resistant gloves and slicker suits or aprons to protect from prolonged skin contact.
Lubricating agent	Ester oils, asphalts, graphite cannot be grouped into one hazard	Seldom, but as deemed necessary	May be a dust hazard for powder products. Ester oils hazards as per NAF base fluids.	Powder products may contain SiO_2.	Powdered products as per weighting agents. Ester—as per NAF Base fluid.
Lost circulation materials	$CaCO_3$, graphite, walnuts shells, mica, almost any solid plugging material available, cross linking pills sometimes resin based	Added only when required, More recent NAF loss prevention procedures can use $CaCO_3$, and graphite maintained in the circulating system	Not classified, dust hazard	May contain SiO_2, depending on the product, check MSDS	Wear appropriate dust mask/ respirator with filter suitable for the particle size of the dust. Wear safety goggles to protect from mechanical eye irritation. Gloves to protect from mechanical skin irritation.

Appendix 5: Definitions of technical NAF base fluid properties

Vapour pressure

If a substance is contained in an evacuated, closed container, some of it would evaporate. The vapour pressure of a liquid is the pressure exerted by its vapour when the liquid and vapour are in dynamic equilibrium, i.e. the number of molecules vaporizing equals the number returning to the liquid phase. The pressure in the space above the liquid would increase until it stabilizes at a constant value, known as the vapour pressure. It is important to specify the temperature when stating a vapour pressure because vapour pressure increases with temperature, due to the molecules having more energy to vaporize. Liquids that are not in a closed container still have a vapour pressure; these materials will eventually evaporate or vaporize (turn into a gas) completely.

Vapour pressure is important in the selection of a non-aqueous base fluid because the vapour pressure gives an indication of the quantity of hydrocarbon vapour which may be released into the working environment at various operating and flow line temperatures. As the temperature increases, the vapour pressure increases. If that vapour is flammable, a fire or explosion could result with an ignition source such as an electrical device, a pilot light, or even static electricity. Other materials may emit enough vapour to exceed the occupational exposure limits for inhalation. The use of NAF-based fluids for drilling which have a low vapour pressure is desirable to reduce the exposure to possible hazardous components in the working atmosphere and to reduce explosive potential.

Boiling point

The boiling point of a liquid is the temperature at which the vapour pressure of the liquid equals the environmental pressure surrounding the liquid. The higher the vapour pressure of a liquid at a given temperature, the lower the normal boiling point (i.e. the boiling point at atmospheric pressure) of the liquid.

The boiling point has an equivalent importance as mentioned above for vapour pressure.

Flash point

The flash point of a flammable liquid is the lowest temperature at which it can form an ignitable mixture in air. At this temperature the vapour may cease to burn when the source of ignition is removed. The flash point is not related to the temperature of the ignition source or of the burning liquid, which are much higher. The flash point is often used as one descriptive characteristic of liquid fuel, but it is also used to describe liquids that are not used intentionally as fuels. The flash point is an empirical measurement rather than a fundamental physical parameter. The measured value will vary with equipment and test protocol variations. The testers and protocols are specified in standards such as DIN 51758, ASTM 93, and Determination of flash point: Closed cup equilibrium method (ISO 1523:2002).

The flash point is used as an indication of safety for the selection of NAF base fluids and may be influenced by regulatory issues such as the transportation of bulk fluids by sea, road or rail. The use of a NAF base fluid for drilling with a high flash point is desirable to reduce the potential for the generation of explosive atmospheres.

Density

The density is mass per unit volume, i.e. the ratio of the amount of matter in an object compared to its volume. In some cases the density is expressed as a specific gravity, in which case it is expressed in multiples of the density of some other standard material, usually water.

The non-aqueous liquids used to formulate NAF drilling fluids are much more compressible than water. Their density increases with increased pressure, they also expand with increased temperature so that the two effects somewhat counteract each other under down hole conditions, but not uniformly. Therefore the equivalent down hole density of a fluid will be different from the surface measured density.

Kinematic viscosity

Viscosity is a measure of the resistance of a fluid to being deformed by either shear stress or extensional stress. It is commonly perceived as 'thickness', or resistance to flow. Viscosity describes a fluid's internal resistance to flow and may be thought of as a measure of fluid friction. Thus, water is 'thin', having a lower viscosity, while vegetable oil is 'thick' having a higher viscosity. Kinematic viscosity is a measure of the resistive flow of a fluid under the influence of gravity.

The viscosity of the non-aqueous base fluid directly influences the plastic viscosity (PV) of the drilling fluid. The plastic viscosity of a drilling fluid is the theoretical viscosity of a fluid at an infinite shear rate; the PV is always required to be as low as reasonably practicable. The viscosity of non-aqueous base fluids varies with temperature, the viscosity decreasing as the temperature increases. It should be noted that very low viscosity fluids (kinematic viscosity <7 cSt @ 4° C) may be aspirated upon ingestion. However, ingestion is not considered a likely route of exposure for a NAF base fluid.

Pour point

The pour point of a liquid is the lowest temperature at which it will pour or flow under prescribed conditions. It is a rough indication of the lowest temperature at which oil is readily pumpable.

Base fluids with high pour points may have unacceptably high viscosities at lower temperatures which may make them impractical to use in some geographic areas.

Appendix 6: Examples of additives common to WBMs and NAFs

Table 1: Additives common to WBMs and NAFs

Additive	Primary functional potential
Water	
Fresh water	WBM—primary phase; dilution: NAF—internal phase
Sea water	WBM—primary phase; dilution
Brine (see salts)	WBM—primary phase; dilution; formation stability: NAF—internal phase
Saturated NaCl	WBM—primary phase; formation stability
Osmotic—salts	
$CaCl_2$	WBM—primary phase; well control; formation stability: NAF—internal phase
KCl	WBM—primary phase; formation stability
ZnBr/ CaBr	WBM—primary phase; generally a completion fluid
Formates	WBM—primary phase when drilling and for completion operations
Density	
Barite (barium sulphate)	WBM and NAF—fluid density control
Calcium carbonate	WBM and NAF—fluid density control; bridging/plugging agent
Iron carbonate	WBM and NAF—fluid density control
Hematite	WBM and NAF—fluid density control
Ilmenite	WBM and NAF—fluid density control
Viscosity	
Bentonite (or other clays)	WBM—viscosity; fluid loss control
Organophillic clay	NAF—amide modified clay for viscosity control
Biopolymers	WBM—viscosity control; hole cleaning; fluid friction reduction
Carboxymethyl cellulose	WBM—viscosity control; hole cleaning
Polyanionic cellulose	WBM—viscosity control; shale stabilization; hole cleaning: fluid loss control
Guar gum (polysaccharide)	WBM—viscosity
Synthetic polymers	WBM—viscosity often for high temperatures: NAF—viscosity
Dispersants	
Modified polyacrylates	WBM—shale control; fluid loss control
Lignosulphonates	WBM—solids dispersant; limited shale control
Tannins	WBM—solids dispersant
Fluid Loss	
Synthetic polymers	WBM—viscosity often for high temperatures: NAF—viscosity
Carboxymethyl cellulose	WBM—viscosity control; hole cleaning
Polyanionicl cellulose	WBM—viscosity control; shale stabilization; hole cleaning; fluid loss control
Starch	WBM—fluid loss control
Bentonite	WBM—fluid loss control but largely dependent on dispersants
Modified lignites	WBM and NAF—fluid loss control
Asphalt	WBM and NAF—fluid loss control; limited lubricity improvement
Resins	WBM—fluid loss control; limited shale stabilization
Gilsonite	WBM and NAF—fluid loss control; limited lubricity improvement

continued ...

Table 1: Additives common to WBMs and NAFs *(continued)*

Additive	Primary functional potential
Inhibition	
Salts (KCl)	WBM—primary phase; shale control and stability
Glycols (polyglycols)	WBM—shale control
Silicate	WBM—shale control
Gypsum	WBM—shale control; some fracture plugging benefits
Polyacrylamides (partially hydrolysed)	WBM—shale control; some filter cake benefits stabilizing the formation
Modified PAC and other	WBM—shale control; some filter cake benefits stabilizing the formation
pH Control	
NaOH / KOH	WBM—NaOH being used less owing to its volatile and hazardous character
$Ca(OH)_2$	WBM—used for specialized purposes
Citric acid	WBM—used to reduce alkalinity
$NaHCO_3$	WBM—used to reduce alkalinity; sequester calcium content
Other	
Bactericides	WBM—control or prevent bacterial development
Lubricants	WBM and NAF—for enhanced lubricity of metal/metal or metal/formation contact
Lost circulation material	WBM and NAF—selected plugging and sealing products used only as required
Polymer stabilizers	WBM—stabilize for excessively high temperatures, salt and specific chemicals concentrations, bacteria
Corrosion control (oxygen scavengers, filming agents)	WBM—specialized application for numerous conditions

Table 2: Brine types and characteristics

Brine type	Formula	Max density (ppg)	Hazard classification
Seawater		8.6	Not classified
Potassium chloride	KCl	9.5	Not classified
Sodium chloride	NaCl	10	Not classified
Sodium formate	NaCOOH	10.8	Not classified
Calcium chloride	$CaCl_2$	11.3	Eye irritant
Potassium formate	KCOOH	13.1	Not classified
Sodium bromide	NaBr	12.5	Not classified
Calcium bromide	$CaBr_2$	14.2	Not classified
Zinc bromide	$ZnBr_2$	19.2	Corrosive
Caesium formate	CsCOOH	19.2	Harmful/irritant

Appendix 7: Particle Size as an influencing factor for inhalation effects

Substances which can be inhaled or are respirable include gases, vapours and aerosols: aerosols are particles and may have gases or vapours adsorbed onto their surface or dissolved into them. These substances can be defined as follows:

- Gases: substances which normally exist in gaseous form at standard pressure and temperature.
- Vapours: gaseous form substances normally liquid at standard pressure and temperature.
- Aerosols: suspension of variable size particles capable of remaining airborne.
- Dusts: caused by mechanical abrasion or fragmentation of solids; the size of particles is 0.1 microns (μm) to 100 μm.
- Fumes: produced by combustion, sublimation or condensation of volatile solids, the size of particle is usually less than 0.1 μm, but fumes have a tendency to flocculate and produce larger particles as the aerosol ages
- Smokes: suspension of solid particles produced by incomplete combustion of organic materials; size of particle usually less then 0.5 μm and particles do not settle readily.
- Mists and fogs: condensation or liquid particles, which produce liquid aerosols.

Particle size will determine where in the respiratory tract particles will dispose. Larger particles (>10 microns) will generally dispose in the upper respiratory tract whereas smaller particles (<10 microns) will generally dispose in the lower respiratory tract such as the bronchial and the alveoli.

The fraction smaller than 10 μm which is able to reach the alveoli is called the respirable fraction.

Particle deposition in the respiratory tract

Aerodynamic diameter (size in μm)	Behaviour
>100	Unlikely to be inhaled.
100–30	Can be inhaled at the smaller end of the range but unlikely to be absorbed into the body unless the particles are very soluble.
30–10	Will penetrate into the bronchial part of the respiratory system but will gradually be cleared. Some absorption into the rest of the body may occur due to the long residence time unless very insoluble.
10–1	Particles in this aerodynamic size range will be carried into the alveoli.
<1	At less than one micron a substantial percentage will remain suspended in the air and will be breathed out.

Appendix 8: Detailed health hazard information on drilling fluid components

Information has been provided on generic chemical materials used in drilling fluid compositions; for specialty trade name products, reference must be made to the manufacturer's data for the specific product.

Table 1: Health hazards of drilling fluid components

Component	Human health hazard
Base fluid	
Crude	Crude oil is raw petroleum extracted in its natural state from the ground and containing predominantly aliphatic, alicyclic and aromatic hydrocarbons. It may also contain small amounts of nitrogen, oxygen and sulphur compounds. Crude oil is of low acute toxicity with dermal and oral LD50 values greater than 2000 mg/kg. Inhalation toxicity expected to be low. Light crude oils may pose an aspiration hazard and may also cause symptoms of central nervous system depression. Upon repeated exposure, some light crude oils may cause skin dryness or cracking. Available data indicate that crude oil is not a sensitizer. Data available indicate that crude oils are carcinogenic.
Diesel (gasoil)	Gasoils contain straight and branched chain alkanes (paraffins), cycloalkanes (naphthenes), aromatic hydrocarbons and mixed aromatic cycloalkanes (cycloalkanoaromatics). Most commercial gasoils contain polycyclic aromatic compounds (PAC's). In straight-run gasoil components these are mainly 2 and 3-ring compounds; with relatively low concentrations of 4 to 6-ring PAC's. The use of heavier atmospheric, vacuum or cracked gasoil components is likely to result in an increase in the content of 4 to 6-ring PAC's, some of which are known to be carcinogenic. Skin exposure to diesel fuel will remove natural fat from the skin; repeated or prolonged exposure can result in drying and cracking, irritation and dermatitis. Excessive exposure under conditions of poor personal hygiene may lead to oil acne and folliculitis. A serious potential health hazard related to diesel fuel utilization concerns the possible risk of skin cancer under conditions of prolonged and repeated skin contact and poor personal hygiene. No epidemiological evidence exists for humans, but it has been demonstrated with mice that skin cancer can result in paint tests with light diesel oil and gasoils irrespective of the percentage of PAC's present. This effect is due to (chronic) irritation of the skin. The diesel fuels/gasoils that contain cracked components may also be genotoxic because of high proportions of 3-7 ring PAC's and their carcinogenicity may be much greater. Diesel fuels may contain 10% (w) or more PAC's.
Highly refined mineral oil	Highly refined mineral oils are of low acute toxicity and are not irritating or sensitizing. Data available indicate that highly refined mineral oils are not mutagenic, carcinogenic or reprotoxic.
Synthetic paraffin	Synthetic paraffins are of low acute toxicity. Data show that synthetic paraffins are not irritating or sensitizing. Based on their composition, synthetic paraffins are not expected to be mutagenic, carcinogenic or reprotoxic.
Linear alpha olefins	Based on screening level tests, alpha olefins are of low toxicity upon acute oral, dermal and inhalation exposure. Alpha olefins are slightly irritating to the skin and eyes of rabbits. In repeated dose studies alpha olefins of different chain length have shown comparable levels of low toxicity to female rats and male rat-specific kidney damage that is likely associated with the alpha2u-globulin protein. Based on screening level testing, alpha olefins appear not to be neurotoxic, produce no adverse effects on reproduction or foetal development, and are not genotoxic. As a result, all the above tested endpoints indicate a low hazard potential for human health.
Internal olefins	Olefins (alkenes) ranging in carbon number from C6 to C24, alpha (linear) and internal (linear and branched) demonstrate low acute toxicity by the oral, inhalation and dermal routes of exposure. Repeated-dose studies, using the inhalation (C6 alpha), dermal (C12-C16), or oral (C6 alpha and internal linear/branched; C8 and C14 alpha; and C16, C18 and C20-C24 internal linear/branched) routes of exposure, have shown comparable levels of low toxicity in rats. Based on evidence from neurotoxicity screens included in repeated dose studies, internal olefins are not neurotoxic. Based on evidence from reproductive/developmental toxicity screens in rats internal olefins are not expected to cause reproductive or developmental toxicity. Based on the weight of evidence alpha and internal olefins are not genotoxic. No carcinogenicity tests have been conducted on alpha or internal olefins; however, there are no structural alerts indicating a potential for carcinogenicity in humans. These materials are not eye irritants or skin sensitizers. Prolonged exposure of the skin for many hours may cause skin irritation. The weight of evidence indicates alpha and internal olefins with carbon numbers between C6 and C24 have a similar and low level of mammalian toxicity, and the toxicity profile is not affected by changes in the location of the double bond or the addition of branching to the structure.

continued ...

Table 1: Health hazards of drilling fluid components *(continued)*	
Component	**Human health hazard**
Base fluid	
Poly alpha olefin (PAO)	Poly alpha olefins are of low acute toxicity and are not irritating to eye and skin.
Esters	Data on C8-C16 fatty acid 2-ethyl hexanol ester indicate that this ester is of low oral acute toxicity. In an acute skin irritation test in rabbits, minimal skin irritation was observed. The ester is not primarily eye irritant. The ester was non-genotoxic in a micronucleus test. Results from an oral repeated dose study in rats indicate that the ester is not toxic at up to 1000 mg/kg.
Water	
Fresh water	Fresh water is generally considered to be not hazardous to human health.
Sea water	Sea water has a low hazard potential for human health upon inhalation and dermal exposure.
Brine (see salts)	See Table 2 in Appendix 6, and below (osmotic—salts)
Osmotic—salts	
Calcium chloride ($CaCl_2$)	The acute oral and dermal toxicity of calcium chloride is low. The acute oral toxicity is attributed to the severe irritating property of the original substance or its high-concentration solutions to the gastrointestinal tract. In humans, however, acute oral toxicity is rare because large single doses induce nausea and vomiting. Irritation/corrosiveness studies indicate that calcium chloride is not/slightly irritating to skin but severely irritating to eyes of rabbits. Prolonged exposure and application of moistened material or concentrated solutions resulted in considerable skin irritation. The irritating effect of the substance was observed in human skin injuries caused by incidental contact with the substance or its high-concentration solutions. A limited oral repeated dose toxicity study shows no adverse effect of calcium chloride on rats fed on 1000–2000 mg/kg bw/day for 12 months. Calcium and chloride are both essential nutrients for humans and a daily intake of more than 1000 mg each of the ions is recommended. Genetic toxicity of calcium chloride was negative in the bacterial mutation tests and the mammalian chromosome aberration test. No reproductive toxicity study has been reported. A developmental toxicity study reveals no toxic effects on dams or fetuses at doses up to 189 mg/kg bw/day (mice), 176 mg/kg bw/day (rats) and 169 mg/kg bw/day (rabbits). (from: SIDS. *Screening Information Data Set for High Production Volume Chemicals*. (2005)).
Potassium chloride (KCl)	Potassium chloride is an essential constituent of the body for intracellular osmotic pressure and buffering, cell permeability, acid-base balance, muscle contraction and nerve function. Acute oral toxicity of KCl in mammals is low. In humans, acute oral toxicity is rare because large single doses induce nausea and vomiting, and because KCl is rapidly excreted in the absence of any pre-existing kidney damage. The toxicity upon repeated dose exposure is low. A threshold concentration for skin irritancy of 60 % was seen when KCl in aqueous solution was in contact with skin of human volunteers. The threshold concentration when applied to broken skin was 5%. No gene mutations were reported in bacterial tests, with and without metabolic activation. However, high concentrations of KCl showed positive results in a range of genotoxic screening assays using mammalian cells in culture. The action of KCl in culture seems to be an indirect effect associated with an increased osmotic pressure and concentration. No evidence of treatment -related carcinogenicity was observed in rats administered up to 1,820 mg KCl/kg body weight/day through the food in a two-year study. A developmental study revealed no foetotoxic or teratogenic effects of KCl in doses up to 235 mg/kg/day (mice) and 310 mg/kg/day (rats). Gastro-intestinal irritant effects in humans caused by KCl administrated orally have been reported at doses from about 31 mg/kg bw/day. One epidemiological investigation among potash miners disclosed no evidence of predisposition of underground miners to any of the diseases evaluated, including lung cancer. (from: SIDS. *Screening Information Data Set for High Production Volume Chemicals*. (2004)).
Sodium chloride (NaCl)	Sodium chloride is an essential nutrient for the normal functioning of the body. It is important for nerve conduction, muscle contraction, correct osmotic balance of extra cellular fluid and the absorption of other nutrients. Although rare, acute toxicity may be caused by ingestion of 500–1,000 mg sodium chloride/kg body weight. Symptoms include vomiting, ulceration of the gastrointestinal tract, muscle weakness and renal damage, leading to dehydration, metabolic acidosis and severe peripheral and central neural effects. Long-term effects of high (>6 g/day) dietary sodium chloride include the development of hypertension, and may increase the risk of kidney stone formation and left ventricular hypertrophy. In rodents, extremely high doses of sodium chloride during pregnancy caused musculoskeletal abnormalities, foetotoxicity and foetal death and post-implantation mortality and abortion. Sodium chloride has been demonstrated to be a gastric tumour promoter

continued ...

Table 1: Health hazards of drilling fluid components *(continued)*

Component	Human health hazard
	in experimental animals and high sodium chloride intakes have been associated with incidence of stomach cancer in human populations with traditional diets of highly concentrated, salted foods. (Expert Group on Vitamins and Minerals (2003), www.food.gov.uk/science/ouradvisors/vitandmin/evmpapers)
Zinc bromide ($ZnBr_2$)	Zinc bromide inhalation can cause severe irritation of mucous membranes and upper respiratory tract. Symptoms may include burning sensation, coughing, wheezing, laryngitis, shortness of breath, headache, nausea and vomiting. High concentrations may cause lung damage. Ingestion of zinc bromide can cause severe burns of the mouth, throat, and stomach. Can cause sore throat, vomiting and diarrhoea. Ingestions are usually promptly rejected by vomiting, but sufficient absorption may occur to produce central nervous system, eye and brain effects. Symptoms may include skin rash, blurred vision and other eye effects, drowsiness, irritability, dizziness, mania, hallucinations, and coma. Causes severe skin irritation with redness, itching and pain. May cause burns, especially if skin is wet or moist. Can cause severe eye irritation or burns with eye damage. Repeated or prolonged exposure by any route may cause skin rashes (bromaderma). Repeated ingestion of small amounts may cause central nervous system depression, including depression, ataxia, psychoses, memory loss, irritability and headache.
Calcium bromide ($CaBr_2$)	Calcium bromide brine is a highly concentrated aqueous solution of calcium bromide and calcium chloride. It is used extensively in the oil industry. This solution and its components are recognized as causes of skin injury and information is available from the manufacturers on their safe use and handling. Two patients who were injured following unprotected skin exposure to this solution and one patient who was injured following exposure to calcium chloride powder are reported. All sustained skin injuries characterized by an absence of pain and a delayed clinical appearance of the full extent of the injury. Furthermore healing was complicated by graft loss or was slow. Although organic bromine compounds are recognized as a cause of skin injuries, no previous reports of such injuries to humans secondary to calcium chloride or bromide exposure were found in the medical literature. Our experience with these patients is described. (Saeed *et al.*, Burns; 23 (7–8)[32]. 1997. 634–637)
Sodium bromide (NaBr)	Sodium bromide is of low acute oral toxicity. Sodium bromide is expected to be a slight to moderate eye irritant. Repeated or prolonged skin contact may cause irritation and superficial burns. Available data indicate that sodium bromide may act as a teratogen (behavioural effects).
Sodium formate (NaCOOH)	Sodium formate is of low acute oral toxicity (LD50 oral rat > 3000 mg/kg). Data show that sodium formate is slightly irritating to the eye. Based on read-across from caesium formate, sodium formate is expected to be slightly irritating to skin. Sodium formate is not expected to be a skin sensitizer. Sodium formate at 1% in drinking water did not produce clinically adverse effects in rats after administration for approximately 18 months. Sodium formate is not genotoxic *in vitro* or *in vivo*. Based on read-across with calcium formate, sodium formate is not expected to be reprotoxic or carcinogenic.
Potassium formate (KCOOH)	Potassium formate is of low acute oral toxicity (LD50 oral mouse 5500 mg/kg). Data show that potassium formate is slightly irritating to the eye. Based on read-across from caesium formate, potassium formate is expected to be slightly irritating to skin. Potassium formate is not expected to be a skin sensitizer. Repeated-dose toxicity tests are not available; however, the metabolite formic acid did not cause significant toxicity to rats when administered in their drinking water at 0.5 and 1% for 2 to 27 weeks. Based on read-across with calcium formate, potassium formate is not expected to be reprotoxic or carcinogenic.
Caesium formate (CsCOOH)	Caesium formate solution (83%) is harmful upon ingestion (LD_{50} = 1780 mg/kg in rats), with clinical signs including depression, convulsions, respiratory distress, ataxia, and excessive salivation. Caesium formate monohydrate had low dermal (LD50 >2000 mg/kg) toxicity in rats, with signs of erythema noted at sites of application. Caesium formate solution (83%) was a slight skin irritant and a moderate eye irritant. Aqueous caesium formate (80% w/v) was not sensitizing to guinea pigs in a Buehler test. Repeated-dose toxicity tests are not available; however, the metabolite formic acid did not cause significant toxicity to rats when administered in their drinking water at 0.5 and 1 % for 2 to 27 weeks. The caesium cation is not expected to produce significant chronic toxicity. Caesium formate was not mutagenic in different *in vitro* assays. (National Industrial Chemicals Notification and Assessment Scheme (NICNAS), Australia, 2001).

continued ...

Table 1: Health hazards of drilling fluid components *(continued)*

Component	Human health hazard
Density (weighting agents)	
Barite (Barium sulphate)	Studies in rats using a soluble salt (barium chloride) have indicated that the absorbed barium ions are distributed via the blood and deposited primarily in the skeleton. The principal route of elimination for barium following oral, inhalation, or intratracheal administration is in the faeces. Following introduction into the respiratory tract, the appearance of barium sulphate in the faeces represents mucociliary clearance from the lungs and subsequent ingestion. In humans, ingestion of high levels of soluble barium compounds may cause gastroenteritis (vomiting, diarrhoea, abdominal pain), hypopotassaemia, hypertension, cardiac arrhythmias, and skeletal muscle paralysis. Insoluble barium sulphate has been extensively used at large doses (450 g) as an oral radiocontrast medium, and no adverse systemic effects have been reported. No experimental data are available on barium sulphate; however, due to the limited absorption of barium sulphate from the gastrointestinal tract or skin, it is unlikely that any significant systemic effects would occur. The acute oral toxicity of barium compounds in experimental animals is slight to moderate. Barium nitrate caused mild skin irritation and severe eye irritation in rabbits. The lack of reports of skin or eye irritation in humans, despite its widespread use, suggests that barium sulphate, often used as a contrast medium, is not a strong irritant. Long-term studies of barium exposure in laboratory animals have not confirmed the blood pressure, cardiac, and skeletal muscle effects seen in humans and laboratory animals orally exposed to acutely high levels. Inhalation exposure of humans to insoluble forms of barium results in radiological findings of baritosis, without evidence of altered lung function and pathology. Animal studies involving respiratory tract instillation of barium sulphate have shown inflammatory responses and granuloma formation in the lungs; this would be expected with exposure to substantial amounts of any low-solubility dust, leading to a change in lung clearance and subsequently to lung effects. Currently available data indicate that barium does not appear to be a reproductive or developmental hazard. Barium was not carcinogenic in standard National Toxicology Program rodent bioassays. *In vitro* data indicate that barium compounds have no mutagenic potential. The critical end-points in humans for toxicity resulting from exposure to barium and barium compounds appear to be hypertension and renal function. The NOAEL in humans is 0.21 mg barium/kg body weight per day. (www.inchem.org/documents/cicads/cicads/cicad33.htm, Concise International Chemical Assessment Document 33, Barium and barium compounds.)
Calcium carbonate	Acute effects may include irritation of skin, eyes, and mucous membranes. Based on an oral LD50 in rats of 6,450 mg/kg, calcium carbonate is of low oral acute toxicity. There is no adequate evidence for a tumour-promoting or genotoxic action of calcium carbonate. Effects on reproduction have not been shown. High dietary levels inducing maternal toxicity resulted in decreased fetal weights and delayed skeletal and dental calcification in rats and/or mice. There may be a silicosis risk in using impure limestone or chalk containing (3–20%) quartz. No adverse health effects have been reported in the literature among workers using calcium carbonate. High oral doses did not produce systemic toxicity in laboratory animals. (Health Council of The Netherlands, 2003, calcium carbonate.)
Iron carbonate	Most data from iron compounds are derived from read-across with the ferrous salt iron sulphate. Ferrous sulphate has a low to moderate acute toxicity with a LD50 (rat) of 319–1,480 mg/kg. As ferrous sulphate is used in humans for the treament of anaemia, human data are also available. These indicate that the human LD50 is in the range of 40–1,600 mg/kg. Fatal doses are associated with gastric injury. Irritation data are scarce and indicate that ferrous sulphate may be irritating to skin and eyes. Ferrous sulphate is not a sensitizer. Genotoxicity data on ferrous sulphate are ambiguous. However. the overall weight of evidence from genotoxicity studies shows that ferrous sulphate is not genotoxic. Carcinogenicity is not expected. Ferrous sulphate is not a reprotoxicant. A study in calves fed up to 4000 ppm ferrous carbonate in diet shows that the calves were not affected. The tolerance for ferrous carbonate was higher than for ferrous sulphate.
Hematite	There are little data on hematite (or Fe_2O_3) available. The acute oral toxicity LD50 (rat) for Fe_2O_3 is greater than 10 g/kg. Upon eye contact some mechanical eye irritation may occur (dust). A carcinogenicity study in miners shows that haematite mining with low-grade exposure to radon daughters and silica dust was not associated with excess lung cancer in a relatively large cohort.
Ilmenite	There are no toxicity data available for ilmenite, or iron titanium oxide. It is expected that ilmenite is of low toxicity. There are no known hazards resulting from accidental ingestion of ilmenite sand as may occur during normal handling. Swallowing a large amount may result in irritation to the digestive system due to abrasiveness. Ilmenite dust may cause mechanical irritation of the eye. Ilmenite dust is regarded as general nuisance dust, but can be irritating if inhaled at high concentration. May cause symptoms such as coughing or sneezing.

continued ...

Table 1: Health hazards of drilling fluid components *(continued)*

Component	Human health hazard
Manganese tetroxide	Manganese tetraoxide is of low acute toxicity. Mn_3O_4 is not a skin irritant, nor a sensitizer. Mn_3O_4 dust may cause some mechanical irritation to the eye. Results from a repeated dose study in monkeys and rats exposed to 11.6, 112.5 and 1,152 µ Mn_3 as Mn_3O_4 aerosol 24 h/day for 9 months, show no exposure related effects on pulmonary function, limb tremor or electromyographic activity. There are several reports about manganese toxicity as a result of exposure to fume/vapour from elemental manganese and by inhalation of pyrolusite (MnO_2). Long-term inhalation (years) of manganese oxides may cause chronic manganese intoxication affecting the central nervous system, potentially leading to extensive disablement. Health risk of MnO_2 (widely described in literature) may be different from that of MnO, Mn_2O_3, and Mn_3O_4. The differences in oxidation states of the element Mn in these compounds may affect their bioavailability and distribution and thus their potential effects.
Viscosity	
Bentonite (or other clays)	An important determinant of the toxicity of bentonite and other clays is the content of quartz (SiO_2). Exposure to quartz is causally related to silicosis and lung cancer. Statistically significant increases in the incidence of or mortality from chronic bronchitis and pulmonary emphysema have been reported after exposure to quartz. Single intratracheal injection into rodents of bentonite and montmorillonite with low content of quartz produced dose- and particle size-dependent cytotoxic effects, as well as transient local inflammation, the signs of which included oedema and, consequently, increased lung weight. Single intratracheal exposures of rats to bentonite produced storage foci in the lungs 3–12 months later. After intratracheal exposure of rats to bentonite with a high quartz content, fibrosis was also observed. Bentonite increased the susceptibility of mice to pulmonary infection. No adequate studies are available on the carcinogenicity of bentonite. Long-term occupational exposures to bentonite dust may cause structural and functional damage to the lungs. However, available data are inadequate to conclusively establish a dose-response relationship or even a cause-and-effect relationship due to limited information on period and intensity of exposure and to confounding factors, such as exposure to silica and tobacco smoke. (*Environmental Health Criteria*, Vol. 231 (2005) 159 p.)
Organophillic clay (montmorillonite, attapulgite, hectorite)	In general, the acute toxicity of organophillic clays is low. Some organophillic clays are used in cosmetics. Data on a hectorite clay show that the clay is of low acute and repeated dose toxicity. The clay is not a skin or eye irritant, nor a skin sensitizer. In dust form the hectorite clay may cause mechnical eye irritation. Data indicate that the hectorite clay is not genotoxic. Data on reprotoxicity and carcinogenicity are not available. Check the MSDS for the compound-specific information.
Biopolymers	The biopolymers used are generally low toxicity compounds. Some of these biopolymers are also used as food additive. Check the MSDS for the compound-specific information.
Carboxymethyl cellulose	Carboxymethyl cellulose is of low toxicity. Carboxymethyl cellulose is approved for and used as food additive. (*WHO Food Additives Series*, Vol. 42 (1999) pp 175–9)
Polyanionic cellulose	Cellulose compounds are generally low toxicity compounds. Some of these cellulose compounds are also used as food additive. Check the MSDS for the compound-specific information. (*WHO Food Additives Series*, Vol. 40 (1998) pp 55–78; and *WHO Food Additives Series* Vol. 42 (1999) pp 175–9)
Guar gum (polysaccharide)	Guar gum is a low toxicity compound, commonly used as food additive. Allergic rhinitis following repeated inhalation exposure to guar gum dust has been reported. (Lagier *et al.*, 1990, *J. Allergy Clin Immun*, 85(4) p. 785–790; Kanerva *et al.*, 1988, *Clin Allergy*, 18(3) p245–252)
Emulsifiers	
Soaps	See Table 2. Several emulsifiers may irritate skin and/or eye and may be harmful by inhalation or if swallowed. Check the MSDS for the compound-specific information.
Amines	See Table 2. Several emulsifiers may irritate skin and/or eye and may be harmful by inhalation or if swallowed. Check the MSDS for the compound-specific information.
Imidazolines	See Table 2. Several emulsifiers may irritate skin and/or eye and may be harmful by inhalation or if swallowed. Check the MSDS for the compound-specific information.
Polyamides	See Table 2. Several emulsifiers may irritate skin and/or eye and may be harmful by inhalation or if swallowed. Check the MSDS for the compound-specific information.

continued ...

Table 1: Health hazards of drilling fluid components *(continued)*

Component	Human health hazard
Dispersants	
Modified polyacrylates	Modified polyacrylates is a general term for several specific polyacrylates each having compound-specific toxicological properties. Check the MSDS for the compound-specific information.
Lignosulphonates	Lignosulphonates are complex polymers with a broad range of molecular mass and are derived from trees. The wood from trees is composed mainly of three components—cellulose, hemicellolose and lignin. In the sulphite pulping process, the lignins are sulphonated so they become water soluble and thus can be separated from the insoluble cellulose. A review of available toxicity data on several lignosulphonates by the US EPA indicated that lignosulphonates are of very low toxicity (www.epa.gov [Federal Register: February 16, 2005 (Volume 70, Number 31)]). The oral acute LD50 values are all greater than 2 g/kg. Repeated dose studies indicate NOAELs and LOAELs in the order of magnitude of g/kg/day. There is some (unsubstantiated) information that lignosulphonates given to rats before, during, and after mating at doses as high as 1,500 mg/kg/day did not cause adverse effects on reproduction or offspring. But at a dose level of 500 mg/kg/day there were histopathological changes in the lymph nodes of the mothers. There were no concerns identified for the mutagenicity or carcinogenicity of lignosulphonates. Based on the physical/chemical properties, and particularly on the large molecular weights of the lignosulphonates, lignosulphonates are not likely to be absorbed via any route of exposure. The only health effects of concern upon exposure to lignosulphonates are irritation of skin, eyes and respiratory system. For some lignosulphonates contact allergy has been reported (Andersson *et al.*, 1980; Contact Dermatitis 6(5): 354–355). The toxicity depends on the type and size of the lignosulphonate. Check the MSDS for the compound-specific information.
Tannins	Tannins are polyphenols derived from plants. Due to their ubiquitous presence in food they have been subject of many toxicity studies. In general, tannins are of low acute toxicity. Tannins in food have been associated with several beneficial and adverse health effects (Chung *et al.*, 1998 *Crit Rev Food Sci Nutr* 38(6): 421–64). IARC has evaluated tannic acid and tannins and concluded that although tannins were carcinogenic in animals upon subcutaneous injection, no epidemiological evidence in humans was available to evaluate their toxicity in humans. (IARC *Monographs on the Evaluation of the Carcinogenic Risk of Chemicals to Man: Some Naturally Occurring Substances*, Vol. 10, pages 253–262). Check the MSDS for the compound-specific information.
Fluid loss	
Synthetic polymers	Check the MSDS for the compound-specific information.
Carboxymethyl cellulose	See above (viscosity)
Polyanionic cellulose	See above (viscosity)
Starch	Starch is a low toxicity compound, commonly used as food additive.
Bentonite	See above (viscosity)
Modified lignites	Modified lignites are derived from brown coal. The toxicity mainly depends on the modification. Check the MSDS for the compound-specific information.
Asphalt	Asphalt, more commonly referred to as bitumen in Europe, is a dark brown to black, cement-like semisolid or solid or viscous liquid produced by the non-destructive distillation of crude oil during petroleum refining. When asphalts are heated, vapours are released; as these vapours cool, they condense. As such, these vapours are enriched in the more volatile components present in the asphalt and would be expected to be chemically and potentially toxicologically distinct from the parent material. Asphalt itself is considered to be of low toxicity. Asphalt fumes are the cloud of small particles created by condensation from the gaseous state after volatilization of asphalt. Symptoms associated with asphalt fume exposure are eye, nose, and throat irritation and coughing. These health effects appear to be mild in severity and transient in nature. Additional symptoms include skin irritation, pruritus, rashes, nausea, stomach pain, decreased appetite, headaches, and fatigue, as reported by workers involved in paving operations, insulation of cables, and the manufacture of fluorescent light fixtures. Asphalt fumes and vapours may be absorbed following inhalation and dermal exposure. Results of several *in vitro* mutagenicity studies on asphalt fumes are ambiguous. Results of carcinogenicity studies indicate that some asphalt fume condensates can cause tumours when applied dermally to mice. A meta-analysis of 20 epidemiological studies failed to find overall evidence for a lung cancer risk among pavers and highway maintenance workers exposed to asphalt. Under various performance specifications, it is likely that asphalt fumes contain carcinogenic substances. (*Concise International Chemical Assessment Document* (CICAD) Vol. 59 (2004))

continued …

Table 1: Health hazards of drilling fluid components *(continued)*

Component	Human health hazard
Resins	There are several types of resins, both naturally derived and synthetic. The toxicological properties vary. Some resins have been associated with skin irritation and allergic contact dermatitis. Check the MSDS for the compound-specific information.
Gilsonite	Gilsonite is a form of natural asphalt found in large amounts in the Uintah Basin of Utah. Workers can be exposed to the dust of gilsonite and to the fumes of gilsonite when heating or boiling the material. Gilsonite dust may cause mechanical eye irritation, while the fumes may be irritating to the eyes and respiratory system (Fairhall (1950) *Industrial Hygiene Newsletter*, 10(5): 9-10). Industrial hygiene characterizations were performed by NIOSH at three gilsonite mills and nine gilsonite mining operations to measure occupational exposure to gilsonite and its constituents and to evaluate potential health effects (Kullman *et al., Am Ind Hyg Assoc J* (1989) 50(8): 413–418). Six out of seven bulk gilsonite samples had crystalline silica contents below 0.75% wt., no asbestos or other fibrous mineral compounds were detected in bulk samples from five different veins of gilsonite, and polynuclear aromatic hydrocarbons were not detected in any bulk samples. The authors conclude that the gilsonite dust exposure data are consistent with results of an earlier respiratory health survey of gilsonite workers in which the most definitive finding was an excess prevalence of bronchitic symptoms. The respiratory health survey (Keimig *et al., Am J Ind Med.* (1987); 11(3): 287–296) showed that increased prevalences of cough and phlegm were found in workers with high-exposure jobs, but no evidence for dust-related pulmonary function impairment was noted.
Inhibition	
Salts	See above (osmotic—salts)
Glycols (polyglycols)	Glycols, glycol ethers and polyglycols have different toxicities. Polyglycols are generally of low toxicity. Check the MSDS for the compound-specific information.
Silicate	The most commonly used silicates in drilling fluids are potassium silicate and sodium silicate. These ingredients combine metal cations (potassium or sodium) with silica to form inorganic salts. Sodium silicate administered orally acts as a mild alkali and is readily absorbed from the alimentary canal and excreted in the urine. The toxicity of silicates has been related to the molar ratio of $Si0_2/Na_20$ and the concentration. Potassium and sodium silicates have a low to moderate acute toxicity. Rats orally administered 464 mg/kg of a 20% solution containing either 2.0 or 2.4 ratio to 1.0 ratio of sodium oxide showed no signs of toxicity, whereas doses of 1,000 and 2,150 mg/kg produced gasping, dypsnea, and acute depression. A case report describes that neutralized sodium silicate produced vomiting, diarrhea, and gastrointestinal bleeding in human. Dermal irritation of potassium silicate and sodium silicate ranged from negligible to severe, depending on the species tested and the molar ratio and concentration tested. Potassium silicate was non-irritating in two acute eye irritation studies in rabbits. Sodium silicate was a severe eye irritant in acute eye irritation studies. A skin freshener (10% of a 40% aqueous solution) containing sodium silicate was non-irritating. Sodium silicate in another three eye irritation studies was highly irritating, irritating, and nonirritating, respectively. Detergents containing 7%,13%, and 6% sodium silicate mixed 50/50 with water were negligible skin irritants to intact and abraded human skin. A 10% of a 40% aqueous solution of sodium silicate was negative in a repeat-insult predictive patch test in humans. The same aqueous solution of sodium silicate was considered mild under normal use conditions in a study of cumulative irritant properties. Sodium silicate tested in elbow crease studies and semioccluded patch tests, produced low grade and transient irritation. Repeated dose studies in Beagles and rats showed no overt signs of toxicity. Sodium silicate was non-mutagenic in a standard bacterial assay. Reprotoxicity studies with sodium silicate in rats showed some effects on the number of offspring at high doses but no effects on male rat fertility. (*Int J Toxicol* Vol. 24 Suppl. 1 (2005) pp 103–7)
Polyacrylamides (partially hydrolysed)	There are various different types of polyacrylamides. Check the MSDS for the compound-specific information.
pH control	
Sodium hydroxide (NaOH)	Sodium hydroxide is a skin and eye corrosive. In a human 4-hour patch test, sodium hydroxide (0.5%) was a very clear skin irritant. Irritation of the nose, throat, or eyes was observed in workers engaged in cleaning operations and in a small number of users of an oven spray. Ingestion might be fatal, as a result of, e.g., shock, infection of the corroded tissues, pulmonary necrosis, or asphyxia. No increase in mortality in relation to duration or intensity of exposure to caustic dust was found in a group of 265 workers for periods ranging from less than 1 year to up to 30 years. (Health Council of The Netherlands, 2000, sodium hydroxide)

continued …

Table 1: Health hazards of drilling fluid components *(continued)*

Component	Human health hazard
Potassium hydroxide (KOH)	Potassium hydroxide is a skin and eye corrosive. Following ingestion of (a solution of) potassium hydroxide, rapid corrosion and perforation of the oesophagus and stomach, stricture of the oesophagus, violent pain in throat and epigastrium, haematemesis, and collapse may occur. When inhaled in any form, potassium hydroxide is strongly irritating to the upper respiratory tract. Acute exposures may cause symptoms in the respiratory tract including severe coughing and pain. Additionally, lesions may develop along with burning of the mucous membranes. Inhalation may be fatal as a result of spasm, inflammation, and oedema of the larynx and bronchi, chemical pneumonitis, and pulmonary oedema (which can develop with a latency period of 5–72 hours). Chronic exposures may cause inflammatory and ulcerative changes in the mouth and possibly bronchial and gastrointestinal disorders. It has been reported that 10% of workers exposed to KOH during the production of ascorbic acid developed allergic dermatitis. At least one case of oesophageal carcinoma at the site of hydroxide-induced strictures has been reported. In mice, repeated applications of aqueous solutions (3-6%) of KOH to the skin for 46 weeks resulted in an increased incidence of skin tumours. Since tumourigenesis was associated with severe skin damage inducing marked epidermal hyperplasia, a non-genotoxic mechanism is assumed. (Health Council of The Netherlands, 2004, potassium hydroxide)
Calcium hydroxide ($Ca(OH)_2$) Lime	Acute exposures to calcium hydroxide may cause irritation, along with coughing, pain, and possibly burns of the mucous membranes with, in severe acute exposures, pulmonary oedema and hypotension with weak and rapid pulse. Solid calcium hydroxide is corrosive to the eyes and may cause severe injury to the skin. There are numerous case reports on accidental exposures to calcium hydroxide resulting in corneal and skin alkali burns and caustic ulcers. Generally, these effects are caused by the solid material and less commonly or rarely by solutions. Ingestion of alkali is reported to be followed by severe pain, vomiting (containing blood and desquamated mucosal lining), diarrhoea, and collapse. Two epidemiological studies that addressed the association between cement-dust exposure and stomach cancer were considered insufficient to reach any conclusions on the association between cement dust exposure and stomach cancer. However, no adverse effects have been experienced by long-term exposed workers. Oral LD50 values of approximately 7,300 mg/kg bw were reported for rats and mice. No adequate repeated-dose toxicity (including carcinogenicity and reproduction toxicity) or genotoxicity/mutagenicity studies are available. (Health Council of The Netherlands, 2004, calcium hydroxide)
Citric acid	Based on many experimen tal data in animals and on human experience, citric acid is of low acute toxicity. The NOAEL for repeated dose toxicity for rats is 1200 mg/kg/d. The major, reversible (sub)chronic toxic effects seem to be limited to changes in blood chemistry and metal absorption/excretion kinetics. Citric acid is not suspected of being a carcinogen nor a reprotoxic or teratogenic agent. The NOAEL for reproductive toxicity for rats is 2500 mg/kg/d. Further, it is not mutagenic *in vitro* and *in vivo*. Also, the sensitizing potential is seen as low. In contrast, irritation, in particular of the eyes but also of the respiratory pathways and the skin, is the major toxicological hazard presented by citric acid. (SIDS. *Screening Information Data Set for High Production Volume Chemicals*, 2004)
Sodium bicarbonate ($NaHCO_3$)	Sodium bicarbonate is of low acute toxicity. Oral LD50 values are higher than 4,000 mg/kg bw, and an inhalation study in rats using a concentration of 4.74 mg/l inhalable dust produced no deaths. Sodium bicarbonate is slightly irritating to the skin and eye of rabbits. There is no indication of any adverse effects of long-term use or exposure via any route. *In vitro* bacterial and mammalian cell tests showed no evidence of genotoxic activity. Sodium bicarbonate is not a reprotoxicant. Based on the available information there are no indications that sodium bicarbonate has carcinogenic effects. Sodium bicarbonate has a long history of use in food and normal handling and use will not have any adverse effects. Acute oral ingestion of high doses may result in a ruptured stomach due to excessive gas development. Acute or chronic excessive oral ingestion may cause metabolic alkalosis, cyanosis and hypernatraemia. These conditions are usually reversible, and will not cause adverse effects. (SIDS. *Screening Information Data Set for High Production Volume Chemicals*, 2003)
Calcium oxide (CaO; Quick lime)	Occupational and accidental exposures have shown calcium oxide to be very irritating and corrosive to mucous membranes, eyes, and moist skin because of local liberation of heat and dehydration of tissues upon slaking of the small size particles and the resulting alkalinity of the slaked product (calcium hydroxide). Fatal burns have been reported after massive exposure. Calcium oxide was stated not to be sensitizing in an open epicutaneous test. Calcium oxide can cause severe irritation and burns to the eyes, oedema, hyperaemia, lachrymation, blurred vision, corneal opacities, ulceration, and perforation and loss of vision. Inflammation of the respiratory passages, ulceration, perforation of the nasal septum, and pneumonia have been attributed to inhalation of calcium oxide dust. Workers in lime factories for up to 40 years have experienced no ill effects from exposure to lime. (Health Council of The Netherlands, 2006, calcium oxide)

continued ...

Table 1: Health hazards of drilling fluid components *(continued)*

Component	Human health hazard
Wetting agent	
Sulphonic acid	Sulphonic acids are a class of organic acids which have the tendency to bind to proteins and carbohydrates. The salts of sulphonic acids are the sulphonates. The toxicity of sulphonic acids depends on the specific type. Sulphonic acids may be irritating to skin and/or eye. Check the MSDS for the compound-specific information.
Amides	Amides are formed from the reaction of a carboxylic acid with an amine and are, compared to amines, very weak bases. The toxicity of amides depends on the specific type. Amides may be irritating to skin and/or eye. Check the MSDS for the compound-specific information.
Polyamides	There are different types of polyamides with a different toxicity. Check the MSDS for the compound-specific information.
Rheological modifier	
Fatty acids	Fatty acids are aliphatic monocarboxylic acids and can be naturally derived (from animal or vegetable fat) or synthetic (from oil or wax). Fatty acids are generally low toxicity compounds. Check the MSDS for the compound-specific information.
Polyacrylates	See above (dispersants)
Filtration control	
Asphalt	See above (fluid loss)
Lignite	See above (fluid loss)
Gilsonite	See above (fluid loss)
Lubricating agents	
Ester oils	Check the MSDS for the compound-specific information.
Asphalts	See above (fluid loss)
Graphite	In humans, the pathological and physiological response to inhaled graphite flake is similar to that induced by nuisance dusts and cause only transient pulmonary changes. Repeated exposure to very high concentrations may overwhelm the clearance mechanisms of the lung and result in pulmonary damage from the retained particles in unprotected individuals. However, these lesions either resolve with time or are of limited severity. Driver *et al.* (1993), *Govt Reports Announcements & Index* (GRA&I), Issue 06, 2094.
Other	
Bactericides	Check the MSDS for the compound-specific information.
Lost Circulation Material ($CaCO_3$, graphite, walnut shells, mica)	Lost circulation material may form a generic dust hazard. Mechanical irritation to the eyes and respiratory system may occur.
Ammonium bisulphate (max 63% aq. solution)	Ammonium bisulphate in solution is irritant to eyes and skin, and is irritating to the respiratory system. Inhalation of dust can produce irritation to gastro-intestinal or respiratory tract, characterized by burning, sneezing and coughing.
Sodium sulphite (approx 50% aq. solution)	Sulphites that enter mammals via ingestion, inhalation, or injection are metabolized by sulphite oxidase to sulphate. Sodium sulphite is of low to moderate acute toxicity. The oral mouse LD50 is 820 mg/kg. Exposure to the aerosol may irritate the upper respiratory tract. A three-day exposure of rats to a sodium sulphite aerosol produced mild pulmonary edema following exposure to 5 mg/m^3, and irritation of the tracheal epithelium with 15 mg/m^3. Between 2% and 5% of asthmatics are sulphite sensitive. Sodium sulphite may be irritating to skin and eyes. Positive reaction in human patch tests have been reported. Sodium sulphite is not considered to be reprotoxic; in rats, sodium sulphite heptahydrate at large doses (up to 3.3 g/kg) produced fetal toxicity but not teratogenicity. Sodium sulphite was negative in genotoxicity studies. IARC concluded that sodium sulphite is not classifiable (group 3) as to their carcinogenicity for humans. (*Int J Toxicol* Vol. 22, Suppl. 2 (2003) p. 63–88)

Appendix 9: Monitoring methods (Supplementary)

Air monitoring

The methods used to collect samples will vary with the target substance of interest and the duration of the sample.

The most commonly used industrial standards for air sampling of vapour and oil mist are NIOSH 1550 and NIOSH 5026 respectively and although it should be noted that as written the flow rates of the two methods are not compatible, it is possible to modify the test to collect both vapour and oil mist simultaneously in a single sample using glass-fibre filters with a charcoal tube backup in series[3,7]. Oil mist collected on the filter is analysed by Fourier Transform Infrared Spectrometry (FTIR), while the oil vapour is the fraction in the charcoal tube and is analysed by gas chromatography (GC) with flame-ionizing detector. Although FTIR analysis was recommended for both vapour and mist quantification[7], the industry has historically preferred GC-FID analysis for determination of oil vapour. The analytical methods are in accordance with NIOSH methods 1500* (vapour) and 5026** (mist).

* www.cdc.gov/niosh/nmam/pdfs/1550.pdf
**www.cdc.gov/niosh/nmam/pdfs/5026.pdf [8]

Other methods include:

Colorimetric detector tubes

These are easy to use, direct reading indicator tubes. The tubes are designed for specific gases or vapours; each tube is filled with a different chemical. A sample of air containing a gaseous air contaminant is drawn through the tube with a hand pump. The air contaminant reacts with the chemical in the tube to produce a colour change. The length of the colour stain indicates the concentration of the contaminant in the air.

Advantages of detector tubes include instantaneous reading, ease of use and relatively low cost. The short sampling time low accuracy and interfering gases and vapours are among the disadvantages of detector tubes.

Detector tubes are primarily used to obtain a quick assessment of relative exposure levels. Some tubes are made to be used with low flow air pumps to provide long duration exposure measurements.

Passive and active adsorption sampler

Passive and active adsorption samplers are longer term devices which trap gaseous air contaminants for laboratory analysis. Commonly, tubes and passive samplers (badges) are filled with activated charcoal and analysed by gas chromatography. Other adsorbents, such as silica gel, are used for some materials.

Advantages of these samplers include the relatively low cost of tubes and the capability to determine a wide range of materials in the air, often simultaneously. Disadvantage include analytical expense and, for active samplers, the need for an air sampling pump.

Filters

Filters are used to collect particulate materials in the air. A sampling pump is used to draw air through a filter, which collects the material to be analysed. Analysis may involve weighing the filter before and after sampling to determine the mass of material collected, or laboratory analysis by one of a number of analytical methods.

The advantage of sampling with filters is the capability to determine the concentration of a wide variety of particulate materials in the air. Disadvantages of filter sampling include analytical costs and the need for an air sampling pump.

Other methods

Other sampling methods may be used for specific air contaminants. These include direct reading instruments and absorption methods.

Skin monitoring

Most gases and vapours are not absorbed through the skin. However, the following conditions may apply:

- Solids generally need to dissolve to allow dermal uptake.
- High molecular weight liquids (>500 Daltons) and an octanol-water partition coefficient of less than about -1 or greater than 4 is unlikely to permeate through the skin.
- Contact dermatitis may be contracted from exposure to water, drilling fluids, organic solvents.
- Occlusion may increase skin uptake, e.g. when using contaminated gloves.

A worker's skin may be exposed to hazardous chemicals through direct contact with contaminated surfaces, deposition of aerosols, immersion, or splashes. When substantial amounts of chemicals are absorbed, systemic toxicity can result.

Passive dermal monitoring

Passive dermal monitoring can be used both to evaluate exposure and/or glove performance under actual use conditions[9]. Dermal dosimetry is not a simple or routine procedure and so has not been widely accepted as common practice[10]. A patch dosimeter is like a sandwich holding a passive chemical adsorbent matrix flat, protecting it from skin perspiration. Dermal dosimetry can be used to quantify the magnitude of the dose, and also describe the deposition density and pattern of exposure across body locations. One of the most important limitations (not restricted to dermal dosimeters) is the difficulty in accurately collecting depositions of volatile chemicals.

Visual examination

Traditionally, skin condition has been assessed by visual examination (usually of the hands). This has a significant limitation in that it is very subjective (reliant on the competence of the assessor) and will only identify damage already visible on the skin surface. The effect of contact between the skin and irritant substances is thought to be cumulative. There may be no visual signs of damage until what described as a 'threshold' is reached, by which time the skin will have become significantly weakened with a real probability of irritant contact dermatitis[11]. This cumulative effect is usually the result of contact between the skin and many different irritant substances and can occur over a lengthy period (possibly many years) with no visible signs of damage.

There are two measurements that have been accepted as relevant for skin condition monitoring: the measurement of trans-epidermal water loss and of the moisture content of the stratum corneum.

Trans-epidermal water loss

Trans-epidermal water loss (TEWL) is the amount of moisture that is lost through the skin's permeability and is considered an indicator of the skin's barrier properties. An adequate level of hydration of the stratum corneum is known to be an essential condition for a healthy skin. Many studies indicate that repeated exposure to irritant substances will elevate TEWL and reduce skin moisture content. Measuring these two parameters can provide information about the skin's general condition; repeated measurements can establish deterioration or improvement trends[12].

Skin moisture level measurement

Skin moisture level measurement is carried out simply and quickly by placing a probe on the surface of the skin which creates an electrical field that enables the capacitance of the skin to be measured and compared with that of pure water and expressed as a number. Since the band within which normal skin values should lie has been established by dermatological studies, this shows whether the skin as measured is normal, excessively dry or excessively moist.

A visual inspection of the skin should be carried out at the same time and the observations of the assessor recorded alongside the measurements. Information such as general appearance, cleanliness, condition of nails, cuts or grazes etc. can be very significant in assessing the overall condition and in determining future action.

Appendix 10: Health surveillance for exposure to drilling fluid

As several drilling fluid components have the potential to cause skin dryness and irritation, and have the potential for respiratory exposure, both dermal and respiratory health surveillance techniques are relevant. Some forms of health surveillance are required by law in specific regions.

Dermal health surveillance

A simple strategy for skin surveillance may include a baseline assessment of workers' skin condition as soon as possible after they start a relevant job (e.g. within six weeks):

- Introduce regular testing—every few months or annually—as advised by the health professional. This could involve a questionnaire and skin inspection (hands, forearms and, if these can be contaminated, lower legs).
- A competent person should be able to interpret the results and identify any need to revise the risk assessment.
- The reporting of symptoms that occur between routine tests should be encouraged and provided information analysed for trends in exposure patterns.

Traditionally, skin condition has been assessed by visual examination (usually of the hands). This has a significant limitation as it is very subjective (reliant on the competence of the assessor) and will only identify damage already visible on the skin surface. The effect of contact between the skin and irritant substances is thought to be cumulative. There may be no visual signs of damage until what is described as a 'threshold' level is reached by which time the skin will have become significantly weakened with a real probability of irritant contact dermatitis[11]. This cumulative effect is usually the result of contact between the skin and many different irritant substances and can occur over a lengthy period, possibly many years, with no visible signs of damage.

There are two measurements that have been accepted as relevant for skin condition monitoring: the measurement of trans-epidermal water loss and the moisture content of the stratum corneum.

Trans-epidermal water loss (TEWL) is the amount of moisture that is lost owing to the skin's permeability and is considered an indicator of the skin's barrier properties. An adequate hydration level of the stratum corneum is known as an essential condition for healthy skin. Many studies indicate that repeated exposure to irritant substances will elevate TEWL and reduce skin moisture content. Measuring these two parameters can provide information about the skin's general condition; repeated measurements can establish deterioration or improvement trends[12].

Skin moisture level measurement is carried out simply and quickly by placing a probe on the skin surface which creates an electrical field that enables the capacitance of the skin to be measured and compared with that of pure water, and then expressed as a number. Since the band within which normal skin values should lie has been established by dermatological studies, this shows whether the skin as measured is normal, excessively dry or excessively moist.

A visual inspection of the skin should be carried out at the same time and the assessor's observations recorded alongside the measurements. Information such as general appearance, cleanliness, condition of nails, cuts or grazes etc. can be very significant in assessing the overall condition and in determining future action.

Respiratory health surveillance

Simple respiratory health surveillance may involve asking the employee to complete a respiratory health questionnaire to try to determine whether breathing problems may have developed as a result of workplace substance exposure.

More technical methods can also be used, such as spirometry, a lung function test to assess the capability of the lungs in gaseous exchange. This will detect any underlying lung impairment. The test, which should be conducted by medical practitioners, involves having the participant blow into a tube and totally empty the lungs as a measure of lung function. Occupational asthma or other respiratory diseases may be identified by this procedure, although further diagnostic testing may be required.

Appendix 11: Potential health effects that may result from exposure to certain components of drilling fluids

Potential health effects of exposure to components of drilling fluids				
Target organ	**Potential health effects**	**Signs and symptoms**	**Examples of first aid**	**Examples of medical treatment**
Skin	Dermatitis—acute, chronic	Drying, redness, cracking, chafing, chapping	• Wash affected areas immediately with mild soap and water. • Remove contaminated clothing from the skin.	• Topical application of emollient cream to affected areas (may be applied twice a day) • Avoid perfumed products which may contain a sensitizing reaction. • Consider the use of corticosteroid creams, following physician assessment. (maybe applied 2–4 times per day).
	Folliculitis		• Wash affected areas with mild soap and water. • Apply warm compresses.	• Warm compresses • Following physician assessment, topical antibiotics 2–3 times per day.
	Oil acne		• Wash affected areas with mild soap and water.	• Wash affected areas with mild soap and water 1–2 times per day. • Avoid greasy products; use water based cosmetics. • Acne treatment depends on severity of condition. • Topical antibacterials for milder cases; oral antibiotics for severe acne.
	Urticaria		• Wash affected areas immediately with mild soap and water.	• Following physician assessment, use of antihistamines as an added treatment to prevent urticaria and further skin infection.
	Corrosion/irritation/ inflammation		• Wash affected areas immediately with mild soap and water. • Remove contaminated clothing from the skin.	• Lubricant creams a few hours after the application of topical steroids—continue for days or weeks until after inflammation has cleared.
	Skin sensitization		• Immediately wash off splashes by irritant or sensitizing substances with soap and water. • Minimize exposure to sunlight, as workable. • Avoid further contact with the causative substance. • Antihistamines (topical or oral) as per prescribed instructions.	• Avoid further contact with the causative substance, to relieve & eliminate redness. • If there is a risk of ongoing exposure, gloves and protective clothing are to be used. • Antihistamines (topical or oral) as prescribed following physician assessment, to relieve itchiness. • Barrier creams as required.

continued …

Potential health effects of exposure to components of drilling fluids *(continued)*

Target organ	Potential health effects	Signs and symptoms	Examples of first aid	Examples of medical treatment
Respiratory system	Silicosis	Cough, phlegm, shortness of breath, inflammation of large airways, impaired lung function, can lead to heart failure.	• Inhalers—bronchodilators to open airways. • Fluids to prevent thick secretions	• For those with breathing difficulties, drug therapy to keep airways open and free of mucus. • Control of dust in the workplace, use of proper PPE, and regular chest X-ray monitoring for exposed workers as preventative measures.
	Respiratory tract irritation	Cough, phlegm, sore throat	• Oxygen therapy • Fluids • Bronchodilator inhaler if required	• Oxygen therapy • Fluids • Use of appropriate face mask/chemical cartridge as preventative measure.
	Respiratory tract sensitization	Cough, sore throat, sputum	• Oxygen therapy • Fluids • Inhaler—bronchodilator	• Oxygen therapy • Fluids • Corticosteriods to reduce inflammation can be helpful.
	Occupational asthma	Shortness of breath, wheezing, cough, chest tightness, sneezing, congested nose, teary eyes	• Oxygen therapy • Inhalers—bronchodilators to open airways	• Oxygen therapy • Bronchodilators to open airways (inhalers, oral form) • If severe, to reduce inflammation, oral corticosteroids for short term therapy; inhalers for long term therapy). • Vapour and dust control as preventative measures.
	Chronic obstructive pulmonary disease	Cough, sputum production, shortness of breath on exertion and with activities, respiratory rate irregularity, wheezing, leg swelling, cyanosis, weight loss	• Oxygen therapy—low flow rate • Metered-dose inhaler for bronchodilation • Fluids to loosen thick secretions	• Oxygen therapy—low flow rate • Following physician assessment, metered-dose inhalers to relieve airflow obstruction. • For severe disease, nebuliser mode of therapy (inhalation of drug via mist). • Drug dose control and monitoring required by physician. • Corticosteriods for symptoms not controlled by other drugs (inhaled has less side effects than with oral form). • Spirometry/pulse oximetry to monitor symptoms. • Plenty of fluids to avoid dehydration & prevent thick secretions. • Antibiotics for bacterial infection.

continued ...

Potential health effects of exposure to components of drilling fluids *(continued)*

Target organ	Potential health effects	Signs and symptoms	Examples of first aid	Examples of medical treatment
Respiratory system *(continued)*	Chemical pneumonia	Sudden shortness of breath, cough within minutes or hours; sore throat; possible fever & pink frothy sputum; possible chest pain	• Oxygen therapy • Intravenous fluid therapy for hydration if have a decreased intake of oral fluids.	• Oxygen therapy • Mechanical ventilation if required—suctioning of trachea to clear secretions. • Prescribed antibiotics, corticosteroids. • Monitoring of oxygen saturation and chest X-ray assessments.
	Nose bleeds	Trickling or steady bleeding from nose	• Control bleeding by firmly pinching the sides of the nose together for 5 to 10 minutes. • Ice packs to nose.	• Physician assessment required if pinch technique does not stop the bleeding. • Nasal packing may be required for minor bleeding. • For more severe or recurring bleeding, cauterization of the bleeding source may be required. • Humidify air during the winter.